动物
百科

灭绝动物

动物百科编委会　编著

中国大百科全书出版社

图书在版编目（CIP）数据

灭绝动物 / 动物百科编委会编著 . -- 北京 ：中国大百科全书出版社，2025. 1. --（动物百科）. -- ISBN 978-7-5202-1720-0

Ⅰ . Q958.1-49

中国国家版本馆 CIP 数据核字第 2025YJ4478 号

总 策 划：刘 杭 郭继艳
策划编辑：张会芳
责任编辑：李昊翔
责任校对：闵 娇
责任印制：王亚青
出版发行：中国大百科全书出版社有限公司
地 址：北京市西城区阜成门北大街 17 号
邮政编码：100037
电 话：010-88390811
网 址：http://www.ecph.com.cn
印 刷：唐山富达印务有限公司
开 本：710mm×1000mm 1/16
印 张：10
字 数：100 千字
版 次：2025 年 1 月第 1 版
印 次：2025 年 1 月第 1 次印刷
书 号：ISBN 978-7-5202-1720-0
定 价：48. 00 元

总 序

这是一套面向大众、根植于《中国大百科全书》第三版（以下简称百科三版）的百科通俗读物。

百科全书是概要记述人类一切门类知识或某一门类知识的完备的工具书。它的主要作用是供人们随时查检需要的知识和事实资料，还具有扩大读者知识视野和帮助人们系统求知的教育作用，常被誉为"没有围墙的大学"。简而言之，它是回答问题的书，是扩展知识的书。

中国大百科全书出版社从 1978 年起，陆续编纂出版了《中国大百科全书》第一版、第二版和第三版。这是我国科学文化建设的一项重要基础性、标志性、创新性工程，是在百年未有之大变局和中华民族伟大复兴全局的大背景下，提升我国文化软实力、提高中华文化国际影响力的一项重要举措，具有重大的现实意义和深远的历史意义。

百科三版的编纂工作经国务院立项，得到国家各有关部门、全国科学文化研究机构、学术团体、高等院校的大力支持，专家、学者 5 万余人参与编纂，代表了各学科最高的专业水平。专家、作者和编辑人员殚精竭虑，按照习近平总书记的要求，努力将百科三版建设成有中国特色、有国际影响力的权威知识宝库。截至 2023 年底，百科三版通过网站（www.zgbk.com）发布了 50 余万个网络版条目，并陆续出版了一批纸质版学科卷百科全书，将中国的百科全书事业推向了一个新的高度。

重文修武，耕读传家，是我们中国人悠久的文化传承。作为出版人，我们以传播科学文化知识为己任，希望通过出版更多优秀的出版物来落实总书记的要求——推动文化繁荣、建设中华民族现代文明，努力建设中国式现代化强国。

为了更好地向大众普及科学文化知识，我们从《中国大百科全书》第三版中选取一些条目，通过"人居环境""科学通识""地球知识""工艺美术""动物百科""植物百科""渔猎文明""交通百科"等主题结集成册，精心策划了这套大众版图书。其中每一个主题包含不同数量的分册，不仅保持条目的科学性、知识性、准确性、严谨性，而且具备趣味性、可读性，语言风格和内容深度上更适合非专业读者，希望读者在领略丰富多彩的各领域知识之时，也能了解到书中展示的科学的知识体系。

衷心希望广大读者喜爱这套丛书，并敬请对书中不足之处给予批评指正！

《中国大百科全书》编辑部

"动物百科"丛书序

　　全球已知有 150 多万种动物，包括原生动物、多孔动物、刺胞动物、扁形动物、线形动物、苔藓动物、环节动物、软体动物、节肢动物、棘皮动物、脊索动物等，个体小至由单细胞构成的原生动物，大至体长可达 30 多米的脊索动物蓝鲸，分布于地球上所有海洋、陆地，包括山地、草原、沙漠、森林、农田、水域以及两极在内的各种生境，成为自然环境不可分割的组成部分。

　　除根据动物分类学将动物分类外，还可根据动物的种群数量、生活环境、对人类的利弊、生物习性等进行分类。有的动物已经灭绝，有的动物仍然生存繁衍。但现存动物中一部分已经处于濒危、近危、易危状态，需要我们积极保护。还有一部分大量存在的动物，有的于人类相对有益，如家畜、家禽、鱼虾蟹贝类、传粉昆虫、害虫的天敌等，是人类的食物来源和工业、医药业的原料，给人类的生存和发展带来了巨大利益；有一些动物（如猫、狗）是人类的伴侣，还有一些动物可供观赏。有些动物于人类相对有害，破坏人类的生产活动（如害虫、害兽）或给人类带来严重的疾病。动物的生活环境也不尽相同，有终生生活在陆地上的陆生动物，有水陆两栖的两栖动物，有终生生活在水中的水生动物，其中水生动物还可分为淡水动物和海水动物。此外，自然界的动物习性多样，有的有迁徙（洄游）习性，有的有冬眠习性。

　　为便于读者全面地了解各类动物，编委会依托《中国大百科全书》

第三版生物学、渔业、植物保护学、畜牧学等学科内容,组织策划了"动物百科"丛书,编为《灭绝动物》《保护动物》《有益动物》《有害动物》《常见淡水动物》《常见海水动物》《畜禽动物》《迁徙动物》《冬眠动物》等分册,图文并茂地介绍了各类动物。必须解释的是,动物的有害和有益是相对的,并非绝对的;动物的灭绝与否、受保护等级等也会随着时间发生变化,本丛书以当前统计结果为依据精选了相关的内容。因受篇幅限制,各类动物仅收录了相对常见的类型及种类。

希望这套丛书能够让更多读者了解和认识各类动物,引起读者对动物的关注和兴趣,起到传播科学知识的作用。

动物百科丛书编委会

目　录

脊椎动物　1

无颌类　1

　昆明鱼　1

　海口鱼　2

　中生鳗　3

　中华盔甲鱼　5

　曙鱼　5

　多鳃鱼　6

有颌类　7

　全颌鱼　7

　沟鳞鱼　8

　旋齿鲨　9

　中华弓鳍鱼　10

　狼鳍鱼　11

　梦幻鬼鱼　12

　肯氏鱼　13

　提克塔利克鱼　14

　真掌鳍鱼　15

　潘氏中国螈　15

两栖类　16

　棘石螈　16

　埃尔金螈　17

　中国螈　17

　帆螈　18

　笠头螈　18

　卡拉螈　19

　锯齿螈　20

　多洞鲵　20

　远安鲵　21

　辽蟾　21

　魔鬼蟾　22

　玄武林蛙　23

爬行类　23

　乌鲁木齐鲵　23

　半甲齿龟　24

　原颚龟　25

　满洲龟　25

　南雄龟　26

　卞氏兽　27

　潜龙　27

　伊克昭龙　28

　黔鳄　29

　山西鳄　29

　芙蓉龙　30

　恐头龙　31

大凌河蜥 31

提基蜥 32

古鳄 33

肌鳄 34

马门溪龙 35

梁龙 36

雷龙 37

盘足龙 38

阿根廷龙 39

萨尔塔龙 40

腔骨龙 41

始盗龙 42

神州龙 42

中国似鸟龙 43

泥潭龙 44

单嵴龙 45

树息龙 46

耀龙 46

中华鸟龙 47

中华丽羽龙 48

中国暴龙 49

羽王龙 50

霸王龙 51

寐龙 52

尾羽龙 53

巨盗龙 54

切齿龙 55

河源龙 56

绘龙 57

皖南龙 58

隐龙 59

鹦鹉嘴龙 60

古角龙 61

原角龙 62

中国角龙 63

热河龙 64

兰州龙 65

山东龙 66

青岛龙 67

南方翼龙 68

夜翼龙 68

浙江翼龙 69

鸟类 70

始祖鸟 70

热河鸟 71

孔子鸟 72

会鸟 73

中国鸟 74

华夏鸟 74

原羽鸟 75

戈壁鸟 75

巴塔哥尼亚鸟 76

古喙鸟 77

燕鸟 78

甘肃鸟 78

黄昏鸟 79

鱼鸟 80

不飞鸟 81

中原鸟 81

加斯顿鸟 81

恐怖鸟 82

恐鸟 82

临夏鸵鸟 83

哺乳类 83

隐王兽 83

蜀兽 84

巨颅兽 84

中国尖齿兽 85

摩根齿兽 86

巨带兽 87

孔耐兽 87

张和兽 88

中国俊兽 89

热河兽 90

翔兽 91

久齿鸭嘴兽 92

中国袋兽 92

爪蝠 93

雕齿兽 95

地懒 96

鼩齿兽 96

牛鼩兽 97

细齿兽 98

洞熊 99

锯齿虎 100

巨颏虎 101

西瓦猎豹 102

尤因他兽 103

后弓兽 103

雷兽 104

鼻雷兽 105

近貘 106

巨貘 107

三趾马 107

始祖马 109

长鼻三趾马 109

上新马 110

渐新马 111

爪兽 112

跑犀 113

两栖犀 114

准噶尔巨犀 114

披毛犀 115

巨犀 117

始驼 118

始祖象 118

剑齿象 119

猛犸象 120

铲齿象 121

恐象 122

乳齿象 123

第 2 章　无脊椎动物　125

海绵 125

普通海绵 125

玻璃海绵 125

钙质海绵 126

腔肠动物 126

层孔虫 126

水母 127

钵水母 128

锥石 129

苔藓虫 130

笛管苔虫 130

多孔苔藓虫 130

窗格苔虫 131

腕足类 131

扬子贝 131

叶月贝 132

五房贝 133

华夏正形贝 133

无洞贝 134

石燕 134

小嘴贝 135

穿孔贝 136

腹足类 137

神螺 137

双壳类 137

克氏蛤 137

头足类 138

菊石 138

蛇菊石 138

叶菊石 139

箭石 139

竹节石 140

软舌螺 141

节肢动物 141

奇虾 141

三叶虫 142

纳罗虫 143

球接子 143

王冠虫 144

南京三瘤虫 144

蝙蝠虫 145

莱得利基虫 146

豆石介 146

女星介 147

小昆明介 147

东方叶肢介 148

板足鲎 148

第1章

脊椎动物

无颌类

昆明鱼

昆明鱼是一种已灭绝的原始无颌类脊椎动物。昆明鱼化石发现于中国云南昆明西山区海口镇耳材村寒武纪第二世（早寒武世，距今5.41亿～5.13亿年）筇竹寺期。

昆明鱼的表皮上没有鳞片和膜质骨板。身体呈纺锤形，具明显的头部和躯干。背鳍前位，腹侧鳍褶从躯干下方长出，很可能是成对的，无鳍条；头部具5或6个鳃囊，每个鳃囊具有前、后两个半鳃，鳃囊可能与围鳃腔相通；躯干约有25个肌节，皆为双V形结构，腹部V形尖端指向后，背部V形尖端指向前；脊索、咽和消化管可能贯穿身体到尾部；可能具有围心腔。

昆明鱼只有一块正模，其尾尖还保存在围岩里，未暴露。由于软体化石保存条件的限制，昆明鱼某些特征（如肌节形态，腹位鳍褶是否成对）的解释仍存争议或不确定的地方，这直接影响到昆明鱼系统学位置的确定。

海口鱼

海口鱼是一种已灭绝的原始无颌类脊椎动物。

海口鱼鱼体呈纺锤形，但比昆明鱼更为细长，仍可分为头和躯干两个部分。头部小的叶状印痕表明其很可能具有鼻软骨囊、眼软骨囊和耳软骨囊。鳃由鳃弓支撑，至少有 6 个鳃弓，也可能多达 9 个。背鳍明显靠近身体前部，具鳍条。腹侧鳍褶在下腹部与躯干连接，躯干与腹侧鳍褶之间的陡坎表明腹侧鳍褶是成对的。躯干肌节呈双 V 形。内部解剖构造包括头颅软骨、围心腔、肠道以及一列生殖腺，生殖腺沿躯干腹侧排列，脊索上具有按肌节分离排列的软骨脊椎成分。

海口鱼在形态上与现生七鳃鳗的幼年个体沙隐虫十分相似，但是这些特征可能只是脊椎动物的原始特征。一方面海口鱼已经具备低等脊椎动物形态学和胚胎发育学上所有主要方面的基本性状，即原始脊椎、头部感觉器官及神经嵴的衍生构造（如背鳍和鳃弓）；另一方面它却保留着无头类祖先的原始生殖构造特征。海口鱼这种独有的镶嵌构造特征表明，它不仅是已知最古老的，而且还很可能是最原始的脊椎动物，隶属脊椎动物的干群。

1999 年 11 月 4 日，中国古生物学家舒德干等人在《自然》（Nature）杂志报道了在中国早寒武世澄江动物群中发现的昆明鱼化石和海口鱼化石。这两条鱼具有纺锤形身体、W 形肌节，还有较复杂的软骨质头颅、鳃弓、围心腔和鳍条，这些特征与现生七鳃鳗的幼体鱼十分相似。海口鱼与昆明鱼产自同一地区同一层位，同层出现的动物群包括三叶虫类中的始莱德利基虫、云南头虫，以及精美保存的节肢动物娜罗虫、瓦普特虾等。昆明鱼与海口鱼皆为侧压保存。海口鱼的背鳍比昆明鱼更为明显，不同之处在于它具有紧凑排列的鳍条（每毫米约有 7 根）。1999 年，舒德干等最早报道昆明鱼和海口鱼时仅发现了两属各一件标本。2002 年，中国古生物学家侯先光等提出这两属可能是同物异名，并将当时已知标本全部归入昆明鱼。在某些方面，海口鱼与昆明鱼很相似，整体形态差别不大，只是前者稍为细长些；头部与躯干部都易区分；二者躯干部的肌节形态相同；而较强后倾的 V 形肌节可能是轻微斜向埋葬的结果。2003 年，舒德干等基于新发现的 500 多件海口鱼标本重新厘定了该属的一些特征，并认为昆明鱼与海口鱼最大的不同在于前者的鳃囊数目较少，具有出水腔，以及向前延伸的背鳍不具有鳍条。

中生鳗

　　中生鳗是一种已灭绝的小型七鳃鳗类。中生鳗发现于中国内蒙古宁城义县组早白垩世（距今约 1.4 亿年）的淡水页岩沉积中。

　　中生鳗的身体细长呈鳗状，长度是宽度的 4 倍，是头长的 4 倍左右；头部眶前区较长，占到头长的 1/3 左右。几个方形凹陷区呈扇状包围口缘，可能为角质齿板的附着处，类似现生七鳃鳗中的角质齿板构成的吸盘结构。鳃篮结构发育，具有 7 对鳃囊，鳃器明显长于头部眶前长度。听囊的后腹侧为第一对鳃囊。标本上可见 8 ～ 9 个圆形生殖腺，生殖腺不分节。体部具有 80 对以上的肌节，没有偶鳍和臀鳍，背鳍位于身体后侧，尾鳍为原尾型。

　　2006 年，中国古脊椎动物学家张弥曼等首次报道了来自中国热河生物群的七鳃鳗化石——孟氏中生鳗。化石保存较好，许多重要的形态特征得以确认，与之前在美国发现的两个种类相比，呈现出相似于现代海生七鳃鳗成体的诸多解剖结构和寄生习性，说明在过去长达1亿多年的演化史上，其演化速率异常缓慢，几乎可称为演化停滞。与中生鳗同层发现的有大量热河生物群的典型代表，包括昆虫、戴氏狼鳍鱼、蟒螈、蜥蜴及一些鸟类化石。这些生物都是陆地或淡水的居住者。因此，中生鳗可能代表了七鳃鳗类向淡水生活环境入侵的最早记录，但仍保留了一些海生七鳃鳗的原始特征，比如口部吸盘非常发达，具有辐射状的凹陷区（似乎应为齿板覆压所致）。大部分七鳃鳗化石发现于北美石炭纪地层，中国石炭纪灰岩分布很广，但尚未发现石炭纪的七鳃鳗类化石，鉴于北美石炭系的上述新发现，以及中国白垩系中生鳗的发现，今后在中国也有可能在石炭纪，甚至更古老的地层中找到七鳃鳗化石。2014年，张弥曼又报道了内蒙古早白垩世热河生物群孟氏中生鳗新材料，首次识别出了孟氏中生鳗的幼体和变态期幼体，揭示其具有三阶段的生命周期。研究显示孟氏中生鳗幼体的形态特征和生活习性与其现代后裔几乎没有差别：它们的眼睛细小，口部由宽圆的口笠和分离的下唇组成，鳃区前置达于耳囊之下，背部鳍褶连续而延长，且与现代七鳃鳗幼体一样以滤食泥沙中的动、植物碎屑为生。变态期幼体则耳囊较大，口笠加厚或吻部变尖，眼睛稍有增大，背鳍褶内辐状软骨已现，但鳃区位置仍靠前且口部吸盘尚未发育，这些都是现生七鳃鳗变态期早期阶段所出现的变化。这表明现代七鳃鳗独特的三期生命史早在距今1.25亿年的早白垩世晚期即已成型并保持至今。

中华盔甲鱼

中华盔甲鱼是盔甲鱼类已灭绝的一属。

中华盔甲鱼属由中国古生物学家潘江和王士涛创立于 1980 年，当时包括属型种山口中华盔甲鱼和西坑中华盔甲鱼，标本均采于江西修水县三都镇西坑山口茅山组下段，为志留纪兰多维列世晚特列奇期。

中华盔甲鱼个体小，头甲呈吻缘圆钝的三角形，长约 19 毫米，长略大于宽；角发育，其长将近头甲中长的 1/2，内角棘状，短小；中背孔狭长，其宽略小于长的 1/3，前端不及头甲前缘，后端达眶孔中心水平线；眶孔大、背位；松果孔位于眶孔后缘水平线上，也即头甲中长的中分线上；侧线系统分外发育，其中前眶上管略呈倒置漏斗形，后眶上管呈 V 形，二者隔空相望而不对接；中背管近于相互平行，前端承接楔入的 V 形后眶上管，后端相互对接略呈 W 形；侧背管之眶下管部分的前端由眶孔下前方头甲边缘始，向后弯曲地绕经眶孔下方，至主侧线部分平行后延直达头甲后缘；中横联络管 3 对，侧横管 4 对；纹饰可能为粒状突起。

曙 鱼

曙鱼是一种已灭绝的个体较小的盔甲鱼。曙鱼发现于中国浙江长兴茅山组志留纪兰多维列统上特列奇期。

曙鱼的头甲呈横宽的三角形，长约 13 毫米，中长约 10 毫米，宽约 17 毫米。头甲背面沿中轴线显著隆起，吻缘和侧缘呈平缓弧形。眶孔圆形，中等大小，位置靠前。中背孔呈纵长的椭圆形，前端达头甲吻缘。

松果孔位于眶孔后缘连线上。侧线系统中的后眶上管甚短，仅存在于眶孔的前内侧，呈倒"八"字形；包含眶下管和主侧线管的侧背管前端始于眶孔前侧方，下行微向内弯且接近平行；侧横管 6 对；背联络管 1 对、互相对接，其两侧横平而中部略凹；腹环后部不封闭，鳃囊 6 对。纹饰为均匀分布的细小粒状突起。

中国古脊椎动物与古人类研究者盖志琨等应用大科学装置同步辐射 X 射线显微成像，完成了曙鱼脑颅化石的三维虚拟复原。研究显示：盔甲鱼的脑颅在颌的起源之前已经发生了关键的重组，成对鼻囊位于口鼻腔的两侧，垂体管向前延伸，并开口于口腔，与七鳃鳗和骨甲鱼类的鼻垂体复合体完全不同，而与有颌类的非常相似，代表了在颌演化过程中的一个非常关键的中间环节。2011 年，曙鱼的研究成果在《自然》（*Nature*）杂志以封面推荐文章发表后，在国际上引起广泛关注，先后入选英、美经典教科书《生命的历史》（*History of Life*）、《古脊椎动物学》（*Vertebrate Palaeontology*）和科学杂志《新科学家》（*New Scientist*）封面故事。曙鱼被认为是跟提克塔利克鱼、始祖鸟、弗洛勒斯人等一样重要的生命演化的缺失环节。

多鳃鱼

多鳃鱼是盔甲鱼类已灭绝的一属。多鳃鱼的化石主要分布于志留纪普里道利世（距今 4.23 亿～4.19 亿年）—早泥盆世布拉格期（距今约 4.1 亿年）的中国云南，越南安明、河江。

多鳃鱼体形较小至中等。头甲呈卵圆形，长大于宽；中背棘发达，其末端与内角末端约处于同一水平线上；内角叶状，欠发达。中背孔亚圆形，或前缘略平，宽大于长，中背孔与头甲吻缘之距通常小于该孔纵轴的 1/2；眶孔背位，与头甲侧缘之距远小于至头甲中轴之距；松果孔封闭，无明显的松果斑，位于眶孔后缘水平线之后较远；侧线系统中侧背纵管通常具 4（或 5）支发育的侧横枝，该侧横枝前后可存在若干侧横枝残迹，短突或波折状，侧背纵管的眶下管部分前端与眶上管相遇；左右纵管间的背联络管近于处在头甲之长的平分线上；V 形眶上管常被一横短管分隔为前后两部分。组成纹饰的突起具放射脊或不具，因物种而异。

模式种廖角山多鳃鱼主要发现于中国云南曲靖寥廓山、宜良万寿山、嵩明，翠峰山群西山村组、西屯组。除中国以外，还见于越南北部，是盔甲鱼类中迄今所知分布最广、标本发现最多的一个物种。已收集的多鳃鱼头甲标本在 60 件以上，头甲长约 58 毫米，即使包括个体差异、标本保存状况、测量误差等因素，也未见 55～60 毫米之外者。说明盔甲鱼类的头甲是在鱼达到成体后迅速获得，而个体亦停止生长。

有颌类

全颌鱼

全颌鱼是盾皮鱼纲已灭绝的一属。

全颌鱼属内仅一种初始全颌鱼，因其兼具与盾皮鱼类似的颅顶甲、躯甲，与硬骨鱼类似的边缘膜质颌骨（前上颌骨、上颌骨、齿骨）、咽鳃骨系列而得名。

2013 年，英国《自然》（*Nature*）杂志报道了在中国云南省曲靖地区古老的志留纪（距今 4.43 亿～ 4.16 亿年）地层中发现的一条保存完好的古鱼——"初始全颌鱼"。全颌鱼化石发现于云南曲靖潇湘水库附近的志留纪罗德洛世的关底组，大约生活在距今 4.2 亿年冈瓦纳大陆北缘的近岸水域中，体长约 30 厘米，身体扁平，靠着在水底笨拙地游来游去搜寻柔软的食物（如藻类、水母和生物碎屑等）为生。这条鱼虽然在其他方面都保持着盾皮鱼纲（最原始的有颌脊椎动物）的身体形态，但却已经演化出硬骨鱼纲（亦称硬骨脊椎动物，包括陆生脊椎动物和仍生活在水中的硬骨鱼类）的典型颌部结构或面部特征，是介于这两大类群之间的"缺失环节"，它在古生物学上的重要意义，类似于始祖鸟、游走鲸和南方古猿等耳熟能详的"过渡化石"。

全颌鱼的发现实际上告诉人们，有颌脊椎动物的共同祖先向两个方向发展：一支保留并改进了盾皮鱼类的大型外骨骼骨片，这就是硬骨鱼类；另一支则丢失了大型外骨骼，代之以细小的鳞片和小块骨片，其中较原始的类群构成棘鱼，而软骨鱼类是由棘鱼中的一支演化而来的。

沟鳞鱼

沟鳞鱼是胴甲鱼目已灭绝的一属。

沟鳞鱼的头甲呈六边形，眶窗中位，眶后突超过眶窗。后松果片小，与侧片之间被中颈片所隔开。后侧片与后背侧片愈合为复合侧片。膜质的胸鳍分为两节，中间有关节相连，向后超过躯甲末端。头甲和中背片各具一 V 形感觉沟。因为沟鳞鱼的胸鳍关节特化为盔状肢突，所以它被认为是较为进步的胴甲鱼类。

沟鳞鱼最早由德国地质学家 K. 埃希瓦尔德于 1840 年建立，后由瑞典古生物学家 E. 斯滕舍和德国古生物学家 W.R. 格罗斯在 1931 年将其归于盾皮鱼类中。法国古生物学家 P. 让维耶和中国古生物学家潘江在 1982 年根据沟鳞鱼类与星鳞鱼类具有发达的盔状肢突，将它们归为真胴甲鱼类。

沟鳞鱼最早的化石记录出现在中国的早泥盆世（距今 4 亿～ 3.6 亿年）地层中，至泥盆纪结束时完全灭绝，在世界各地广泛分布。化石在中国湖南、云南、广东、宁夏回族自治区等地都有发现。

旋齿鲨

旋齿鲨是一类生活在晚石炭至早三叠的外形类似鲨鱼的已经灭绝的软骨鱼类。

旋齿鲨学名中 "*Helico*" 源自希腊语，意为 "螺旋状"， "*prion*" 意为 "锯"，组合起来意即 "螺旋锯"，指其内卷成环状的螺旋形的齿列。

自从 1899 年俄国地质学家 A.P. 卡尔平斯基最早在今俄罗斯乌拉尔地区发现并描述旋齿鲨属以来，这类奇异鲨鱼的齿旋先后被广泛发现于美国加利福尼亚、内华达、爱达荷东南部以及得克萨斯西部，澳大利亚西部万达山北部，加拿大西部落基山和北极群岛斯弗德鲁普盆地，墨西哥普埃布拉地区以及除南美和非洲之外的其他地区的二叠纪（距今 2.99 亿～ 2.5 亿年）地层中，其中旋齿鲨属被认为是全球晚二叠纪地层划分对比的重要标志化石之一。

旋齿鲨虽有鲨之名，但它们和鲨类的关系甚远，相反和全头类关系较近。旋齿鲨应该更加接近于现存的软骨鱼纲银鲛目。自卡尔平斯基确定其与鲨鱼类群之间的关系后，众多学者对该属的分类位置进行过多次讨论。尽管卡尔平斯基试图在旋齿鲨超科之下建立独立的旋齿鲨科，并为一些学者所使用；但仍有不少学者根据旋齿鲨齿冠愈合的特殊方式和齿冠管状骨质显微结构与卷齿鲨类相似，而维持卡尔平斯基最初的分类方案，即将旋齿鲨属置于软骨鱼目卷齿鲨科。后来 R. 赞格在系统分析和对比研究基础上，废弃了旋齿鲨科这一名称，而把齿冠基部指向前方的螺旋状齿圈归并在他新建立的阿格赛兹齿科，并将阿格赛兹齿科与卷齿鲨科一起并列置于软骨鱼纲之下的尤金齿目中。最新的研究表明，旋齿鲨的齿旋着生在下颌，向喉内卷曲，起到辅助吞咽的作用。

中华弓鳍鱼

中华弓鳍鱼是中生代全骨鱼类已灭绝的一属。

中华弓鳍鱼最早为瑞典古鱼类学家史天秀研究中国山东蒙阴群中的鱼化石时建立并命名，属型种为师氏中华弓鳍鱼，种名献给化石的收集者奥地利古生物学家 O. 师丹斯基。

中华弓鳍鱼共陆续发现了 7 个有效种，主要发现于中国山东、陕西、甘肃、宁夏、内蒙古、河北、浙江、江西和安徽等晚侏罗世（侏罗世距今 1.99 亿～ 1.45 亿年）和早白垩世（白垩世距今 1.45 亿～ 6600 万年）的地层中，在日本石垣岛和韩国南部也有发现。除此之外，还有两个属，即发现于中国内蒙古鄂尔多斯早白垩统和浙江缙云晚侏罗统的伊克昭弓鳍鱼及发现于泰国的暹罗弓鳍鱼与该属关系很近，可共同归入中华弓鳍鱼科内。这些原始的弓鳍鱼类与现生弓鳍鱼在外形上已经十分相似，但是展现出更为原始的特征，如内颅骨化程度较强，具有眶上骨、菱形的硬鳞，头部部分膜质骨和全部鳞片均具有硬鳞质层，尾鳍仍然保留部分覆有鳞片的肉质上叶等。

中华弓鳍鱼科还有一些区别于其他弓鳍鱼类的衍征，如顶骨仅 1 块；有 3 对额外肩胛骨；每体节一节椎骨等。现生弓鳍鱼的背鳍很长，其背鳍的波浪运动适应于在静水环境中缓慢接近猎物，而中华弓鳍鱼的不同种之间背鳍长短各异，可能说明有的种适应类似现生弓鳍鱼的静水环境，有的种则生活在更开阔的水域中。

狼鳍鱼

狼鳍鱼是中生代（距今 2.5 亿～ 6500 万年）真骨鱼类骨舌鱼超目已灭绝的一属。

狼鳍鱼由德国鱼类学家 J.P. 弥勒建立于 1848 年，已有 10 余种陆续加入该属，但各种的有效性仍有待进一步厘清。

狼鳍鱼主要分布在东亚和西伯利亚白垩纪的淡水沉积中，体长一般在 10 厘米以下，身体呈纺锤形或长纺锤形，背鳍位置靠后与臀鳍相对，牙齿尖锥形，具有颞窗，无眶上骨。

1880 年，法国鱼类研究者 H.E. 索维奇描述了一批来自中国辽西的狼鳍鱼化石，但将其误认为鲚类，并命名为 *Prolebias davidi*，后归入狼鳍鱼属，即戴氏狼鳍鱼，该种为中国常见的鱼化石之一。

狼鳍鱼化石通常密集、完整地保存在一起，这是因为它们跟现在的沙丁鱼一样，有集群游动的习性。中国热河生物群早期曾被称为"东方叶肢介—三尾拟蜉蝣—戴氏狼鳍鱼生物群"，其中发现了极多的戴氏狼鳍鱼化石，并伴生了很多珍贵的脊椎动物化石，如恐龙、翼龙、鸟类和哺乳动物等。有化石证据表明，狼鳍鱼是其他食鱼动物（如鸟类）的食物，为当时生态系统中的重要一环。

梦幻鬼鱼

梦幻鬼鱼是一种已经灭绝的志留纪原始肉鳍鱼类。

梦幻鬼鱼的属名（*Guiyu*）来源于汉字"鬼"和"鱼"，种名（*oneiros*）则取"梦中""幻想"之意，意喻其拥有原始有颌脊椎动物的梦幻特征组合。

梦幻鬼鱼的化石发现于中国云南曲靖志留纪关底组距今4.2亿年的地层中，为全球最古老的、保存完整的硬骨鱼乃至有颌脊椎动物化石。梦幻鬼鱼的内颅与肉鳍鱼类，尤其是斑鳞鱼很相似，膜质骨上的嵴状纹饰则更接近于辐鳍鱼类，背鳍及肩带又具有与盾皮鱼类、棘鱼类以及软骨鱼类相似的棘刺。

梦幻鬼鱼的发现进一步填充了硬骨鱼类和其他有颌类之间的形态学鸿沟，也解开了原始肉鳍鱼类头后骨骼镶嵌演化的谜团。系统发育分析表明，梦幻鬼鱼位于肉鳍鱼类的基干位置，代表了最原始的肉鳍鱼。它的出现指示了辐鳍鱼类与肉鳍鱼类最早的分化时间不会晚于4.2亿年前。

梦幻鬼鱼汇集了有颌类的众多原始特征，这些特征曾分别出现在有颌类的不同类群中，并被认为是某个类群的进步特征。但梦幻鬼鱼将这些特征组合于一身，证明某些类群的进步特征其实只是有颌类的原始特征。这些认识的改变，对有颌类各类群之间的演化关系研究具有深远意义。

肯氏鱼

肯氏鱼是一种已灭绝的早期四足形类代表。

肯氏鱼发现于中国云南沾益早泥盆世埃姆斯期地层中，距今 3.9 亿年。它是四足形动物原始的代表之一，是最早被归入"骨鳞鱼类"的骨鳞鱼科。随后的研究发现，肯氏鱼的鼻孔正处于两对外鼻孔向一对内鼻孔和一对外鼻孔过渡的关键时期。肯氏鱼内鼻孔的位置恰好就处在外鼻孔向内鼻孔"漂移"的位置上，漂移的时候正好是前上颌骨和上颌骨裂开的时候，它们之间有个裂口，这个裂口就是肯氏鱼内鼻孔的位置，裂开的阶段正好符合这个漂移特点。这就取得了化石上的一个实证。

肯氏鱼的发现既证实了在肉鳍鱼类演化中，确实存在一个上颌骨和前上颌骨裂开然后又重新相接的过程，为鼻孔的"漂移"提供了通道；也确立了内鼻孔和后外鼻孔之间的同源关系。与之相似的是，人类在胚胎发育初期，上腭的同样位置也会出现一个缺口，正常的胎儿会在发育后期闭合，如果胎儿发育不完整，那么这两个部位就连接不起来，出生后就会呈现兔唇。

提克塔利克鱼

提克塔利克鱼是一种已灭绝的四足形类的进步代表，属于近四足动物鱼类，大约生活在 3.7 亿年前。

提克塔利克鱼于 2004 年在加拿大北部的埃尔斯米尔岛晚泥盆世地层中被发现。提克塔利克鱼是四足形鱼类及早期四足动物（如棘石螈、鱼石螈等）间的过渡物种。具有类似鳄鱼扁平的头骨，眼睛位于头的顶部。肋骨以及颈部类似两栖动物，可以支撑身体和用肺部进行呼吸。区别于其他鱼类，提克塔利克鱼的颈部可以独立于身体运动。强壮的腭部适合捕捉食物，细长的喷水孔后来演化为四足动物的内耳。鱼鳍出现类似四足动物四肢的骨骼结构（如肱骨、桡骨、腕骨等）。

最新研究显示，提克塔利克鱼的头骨可以在地面上支撑身体重量和呼吸空气。提克塔利克鱼生活在浅海的底栖区，头部可以支撑身体的重量，特化的偶鳍可以弯曲，将身体短暂地推上河岸。

提克塔利克鱼从水生的鱼类演化为陆生的四足动物，包括骨骼的彻底转变，如胸鳍与腹鳍变成具有指（趾）的四肢，脊椎愈合，尾鳍消失，以及形成一系列骨骼将头部与前肢肩带的骨骼连接。吻部加长，伴随覆盖鳃部与喉部的喉板骨消失。在提克塔利克鱼被发现之前，从鱼到四足动物的过渡化石记录非常零散，其中了解最为详细的只有更为原始的鱼类代表——真掌鳍鱼和已经爬上陆地的泥盆纪四足动物——鱼石螈，而后者已经演化出四足动物的四肢，很难用它来揭示四足动物登陆的重要科学问题，学界对四足动物起源事件的了解十分有限。提克塔利克鱼的发现改写了人们对于早期四足动物演化、多样性、生物地理学以及古生物学的观念，增强了对登陆这一重要脊椎动物演化事件的了解。

真掌鳍鱼

　　真掌鳍鱼是一种已灭绝的四足形类鱼类代表。是鱼类登陆过程中经典的过渡化石，被认为是四足动物的直接祖先。

　　真掌鳍鱼发现于加拿大魁北克地区晚泥盆世弗拉—法门期地层中，距今约 3.8 亿年。真掌鳍鱼体长可达 1.5 米，牙齿锋利，是凶猛的捕食者，能在浅水中伏击其他鱼类。以真掌鳍鱼为代表的三列鳍鱼类，是了解最多、解剖学研究最为详尽的一种化石鱼类。因为它们的肩带结构、头部特征及脊椎结构都可以与早期四足动物进行比较，所以一直以来真掌鳍鱼的研究备受重视。

　　大多数古生物学家认为真掌鳍鱼是四足动物的直接祖先，或是与四足动物有着很近的亲缘关系。

潘氏中国螈

　　潘氏中国螈是已灭绝的早期四足动物的代表，是亚洲地区已发现的最早的四足动物。

　　潘氏中国螈的属名代表在中国发现的鱼石螈类化石，种名赠给在宁夏泥盆系陆相生物地层研究中做出突出贡献的中国地质学研究者潘江。潘氏中国螈发现于宁夏晚泥盆世地层中，为一件下颌标本。从整体上看，中国螈下颌与格陵兰岛发现的棘螈下颌最为接近，比在澳大利亚发现的澳洲螈下颌进步。

在潘氏中国螈发现之前，泥盆纪四足动物化石在中国乃至亚洲一直是个空白。亚洲地区之前最早的四足动物化石记录只能追溯到 2.6 亿年前的中二叠世。潘氏中国螈是全球第十种在泥盆纪发现的四足动物，也是鱼石螈类化石在亚洲的首次发现。根据已发现的泥盆纪四足动物证据，研究人员认为，四足动物大概在 3.7 亿年前起源于欧美古大陆，然后在一个较短的时间内沿热带—亚热带海岸扩散到澳大利亚和中国，在 3.6 亿年前鱼石螈类在全球广泛分布。

两栖类

棘石螈

棘石螈是一类已灭绝的早期四足动物，是早期具有明显四肢的脊椎动物之一。

棘石螈由瑞典古生物学家 E. 亚尔维克于 1952 年根据一些头骨碎片命名，属型种（也是唯一的种）是贡纳棘石螈。20 世纪 80 年代，英国古生物学家 J.A. 克拉克等在东格陵兰上泥盆统地层中发现了许多保存完好的化石材料，包括完整的头骨和头后骨骼。根据这些材料判断棘石螈体长约 0.6 米，四肢具八趾，趾间具蹼，腕骨（踝骨）不骨化；肘关节的结构不支持棘石螈的前肢向前弯曲；肺和腮同时用于呼吸，腮的形态类似于鱼类，外侧被骨骼覆盖。上述特征显示棘石螈可能生活在浅水中。

对棘石螈保存较好的头骨标本进行的高精度 CT 扫描研究，补充和修正了棘石螈的一些头骨特征，并根据头骨骨缝的信息模拟受力情况，发现棘石螈的上、下颌前部用来抓住猎物，后部较小的牙齿则用来防止挣扎的猎物逃脱。这一结论支持了棘石螈已适应了陆地摄食这一假说。

埃尔金螈

埃尔金螈是已发现的地史时期（地球历史上从地球成为一个独立的行星体起到人类历史有文字记载开始之前）最早的一类已灭绝四足动物。

埃尔金螈由瑞典古生物学家 P.E.阿尔伯格于 1995 年命名，属型种为班禅埃尔金螈。化石材料（包括正模标本）都发现于苏格兰埃尔金（Elgin）附近的一座叫作"克雷格"的小山（Scat Craig）上，包括部分不完整的头部结构和一些头后骨骼，时代为距今约 3.75 亿年的晚泥盆世。

埃尔金螈的化石材料早期被认为是肉鳍鱼类，经阿尔伯格再研究后，发现埃尔金螈具有以下早期四足动物的特征：副联合板上长有一对尖牙和齿列，其后部外侧和内侧面具有一对明显的孔，前关节骨背面不见麦氏骨，前上颌骨和次齿骨上具有放射状的纹饰。埃尔金螈的形态学特征与发现于拉脱维亚同时期的奥氏螈最为接近，但与其他晚泥盆世的四足动物（如鱼石螈等）具有较大差异，表明四足动物在演化早期已经出现明显的多样性。

中国螈

中国螈是一种发现于中国的已灭绝的早期四足动物。

中国螈由中国古鱼类学家朱敏等命名于 2002 年，属型种为潘氏中国螈。它的正模标本也是唯一的化石材料，为一件约 7 厘米长的不完整下颌弓，产自中国宁夏中宁地区的中宁组，时代为距今 3.72 亿～ 3.58 亿年。

虽然中国螈发现的地点与冈瓦纳大陆东北部相邻，但与冈瓦纳大陆东部发现的变额螈相比，中国螈与发现于格陵兰岛的棘石螈更为相似，由此可推测在中国螈出现 500 万～ 1000 万年后四足动物可能就已遍布全球各个热带和亚热带地区。在《中国古脊椎动物志》第二卷中，中国螈被归入鱼石螈目。依据这种分类，潘氏中国螈是亚洲已知的唯一的鱼石螈类。

帆 螈

帆螈是一个生活在晚石炭世至早二叠世的离片椎类化石属。

帆螈的属型种为皱帆螈，由美国古生物学家 E.C. 卡斯于 1910 年根据产自美国新墨西哥州下二叠统的一些神经棘化石材料命名。

帆螈的身体形态很奇怪，神经棘极长且侧扁，神经棘表面具有瘤状纹饰。这些神经棘可能用来支持由皮肤构成的一个巨大的帆。帆螈的身体总长约 1 米，头部大，四肢短但强壮，背部被骨板覆盖。在美国犹他、亚利桑那、新墨西哥及科罗拉多这四个地区交界处的下二叠统地层中，帆螈是比较常见的脊椎动物。

笠头螈

笠头螈是一个生活在晚石炭世至早二叠世的壳椎类化石属。

笠头螈的属型种为 *Diplocaulus salamandroides*，由美国古生物学家 E.D. 科普于 1877 年根据美国伊利诺伊州晚石炭世地层中产出的椎体材料命名。已报道的笠头螈属的有效种除属型种外，还有大角笠头螈等 4 种。

笠头螈属成员具有一个奇怪的头骨，它宽大且两侧向后延伸呈回旋镖状，身体宽短，与蝾螈类的体形相似，四肢较弱，尾巴较短。笠头螈体长可达 1 米，在壳椎类动物中是相对比较大的成员。有关笠头螈属头骨形状的功能有两种假说，一种说法认为这样的头骨像鱼鳍一样用于帮助笠头螈在水中滑行；另一种说法认为这种形状是用来抵御捕食者。笠头螈在美国得克萨斯州贝勒县二叠纪的池塘中非常常见，干旱季节时它们可能在湖底的淤泥中挖洞以躲避干旱。在当时一个季节性池塘的泥穴里发现了 8 件幼年笠头螈，位于上面的 3 个幼年标本可能是被异齿龙杀掉的，其中一个笠头螈前部和部分脑部被完全咬掉了，这一发现证实了异齿龙和笠头螈之间的捕食关系。

卡拉螈

卡拉螈是一个生活在侏罗纪早期的有尾类化石属。

卡拉螈的属型种为沙罗维卡拉螈，由 M.F. 伊瓦申科在 1978 年根据产自哈萨克斯坦中上侏罗统地层中的几乎完整骨架命名。这也是卡拉螈已发现的唯一标本。卡拉螈属在总体形态上与现代的蝾螈十分相似。卡拉螈、吉尔吉斯斯坦中侏罗世的柯卡特螈属和英国中侏罗世的大理石螈是有尾类这一个类群的最早期代表。与后两者相比，卡拉螈属虽然出现的时代略晚，但保存了较完整的骨骼，为有尾类的早期演化提供了更多的解剖学信息。有学者认为上述 3 属可构成卡拉螈科，也有人认为卡拉螈科只包括中亚的柯卡特螈和卡拉螈。

锯齿螈

锯齿螈是一个生活在二叠纪的大型离片椎类化石属。

锯齿螈的属型种为普氏锯齿螈，由 L.I. 普赖斯命名于 1948 年，模式标本是一件不完整的头骨，与该属种的其他标本都来自巴西东北部巴纳伊巴盆地的中二叠世统（约 2.7 亿年前）地层。地层的岩石显示锯齿螈生活在潟湖或河流中，当时锯齿螈生活的地区为湿润热带气候。

通过一破碎的头骨骨片推测该锯齿螈个体的头骨长度可达 1.6 米，其体长估计有 9 米。若这一推测正确，锯齿螈就是最大的离片椎类动物。锯齿螈属的外形与现代的恒河鳄相似，具有长且渐尖的吻部和很多锋利的牙齿，身体长而四肢短，尾巴侧扁以适应游泳。由此判断，锯齿螈可能和恒河鳄一样以伏击的方式捕食水中的鱼和其他水生动物。因此，锯齿螈在二叠纪时占据了与现代鳄鱼相似的生态位。

多洞鲵

多洞鲵是一个生活在早三叠纪的海生离片椎类化石属。

多洞鲵的属型种为布氏多洞鲵，由德国古生物学家 H. 伯梅斯特于 1849 年根据德国贝恩堡地区下三叠统地层中的零散骨骼标本命名。之后，有来自德国贝恩堡、马达加斯加、南非、东欧等多个地点早三叠世的种被归入多洞鲵属中。但经过对比研究，仅有 3 个有效种，分别是德国的布氏种、图林根种，以及俄罗斯的加拉种。

多洞鲵属的体形中等至大型，具有典型的离片椎类特征，如头骨后部具有明显的棒骨侧突。但与大多数离片椎类半水生的生活习性不同，多洞鲵属采取完全海生的生活方式。

远安鲵

远安鲵是一个生活在中三叠世的大头鲵类化石属。

远安鲵的属型种为宽头远安鲵，由中国古生物家刘俊和王原报道于2005 年，得名于它十分宽扁的头骨。除属型种外，远安鲵属还包含第二个种茅坪场远安鲵，由刘俊命名于 2016 年。远安鲵属的宽头种和茅坪场种化石均发现于中国湖北远安县茅坪场化石点的中三叠统海相风暴潮相沉积地层中，但并不是海生动物。它们应该生活在近海的冲积扇（如河流三角洲）环境中，死亡后经过短暂搬运被埋藏于海中。

远安鲵属头骨眶后部分占整个头骨的 1/3，板骨角指向两侧，眶上感觉管进入泪骨，间锁骨宽度大于长度，锁骨板腹部中缘凸出。远安鲵是中国保存最为完好的大头鲵类化石材料。

辽　蟾

辽蟾是一个生活在早白垩世的原始无尾类化石属。

辽蟾的属型种为葛氏辽蟾，由中国学者姬书安和季强命名于 1998年，为中国第一种中生代无尾类。随着热河生物群研究工作的进行，在其之后相继报道了三燕丽蟾、北票中蟾、细弱宜州蟾、孟氏大连蟾。研究者对这些已报道的属种以及同地区、同时代地层的无尾类新材料进行了综合研究，发现丽蟾、中蟾、宜州蟾、大连蟾都是辽蟾属的同物异名，并为时代更早的无尾类新材料建立了一个辽蟾属的新种——赵氏辽蟾。

辽蟾是一类中等大小的无尾类，吻臀距 56 ~ 94 厘米，骨骼特征与现生的尾蟾科等古蛙类相近，具有 9 枚荐前椎、椎体双凹型、荐椎－尾杆骨单髁关节等原始的特征。

截至 2020 年，系统发育学研究还未能完全解决辽蟾属的系统位置，但辽蟾属要么是冠群无尾类的最近姐妹群，要么是冠群无尾类的成员。

魔鬼蟾

魔鬼蟾是生活在晚白垩世的大型角蛙类化石属。

魔鬼蟾仅包括一个种，即具盾魔鬼蟾蜍，由 S.E. 埃文斯、M.E.H. 琼斯和 D.W. 克劳斯命名于 2008 年，发现于马达加斯加马哈赞加盆地上白垩统梅法拉诺组（Maevarano Formation）的地层中。魔鬼蟾最初只有一些零散的骨骼标本，后来陆陆续续发现更多的骨骼，包括一件不完整头骨及与其关联的荐前椎。

对魔鬼蟾蜍化石进行的形态学和系统发育学研究，认为魔鬼蟾蜍和角蛙属等现生角蛙类成员的亲缘关系最近；与角蛙一样，魔鬼蟾蜍是可怕的捕食者，捕食包括脊椎动物在内的各种猎物；营陆生生活，具有一定的穴居性。另外，魔鬼蟾蜍化石发现地点的沉积环境显示了魔鬼蟾蜍与角蛙一样生活在温暖、季节性干旱地区的临时水洼中。

魔鬼蟾的发现在生物地理学上也具有重要的意义。在传统的生物地理学模型中，马达加斯加—塞舌尔—印度版块与南极洲—澳大利亚大陆之间早在 1.2 亿年前就已经完全分开（南极洲／澳大利亚大陆与南美洲之间直到很晚还连在一起）。但也有证据支持马达加斯加、印度次大陆和南美洲之间的联系一直持续到晚白垩世（8000 万年前）。在马达加斯加发现晚白垩世的角蛙类化石（现生的角蛙亚科分布在南美洲）和同时代的其他类群为后一种假说提供了更多的证据。

玄武林蛙

玄武林蛙是林蛙属的一个化石种。

玄武林蛙产自中国山东临朐山旺化石点，由中国古生物学家杨钟健建立于 1936 年，已经根据新标本修订其鉴别特征。正型标本为一几近完整的骨骼及身体印痕（未编号，已丢失）。其他归入标本显示它具有以下的骨骼学特征：头骨前端渐窄，额顶骨表面光滑，后部荐前椎横突与身体中线垂直，荐椎－尾杆骨关节为双髁型，髂骨具显著背脊等。但这些特征皆为林蛙属共有，玄武林蛙唯一区别于林蛙属其他种的特征是身体比例，缺乏其他有效的鉴别特征，因此在《中国爬行动物及其近亲》（*Chinese Reptile and Their Kin*）（2008）和《古脊椎动物志》第二卷第一册中，都在种名后加"？"以示存疑。

爬行类

乌鲁木齐鲵

乌鲁木齐鲵是西蒙螈型目盘蜥螈科已灭绝的一属。属名"*Urumqia*"

源自产地中国乌鲁木齐。

乌鲁木齐鲵的头骨较高窄，耳凹深而窄，枕骨向后不超过颊部的后缘，方骨髁和枕髁的前后位置几乎相当，颊部与头顶联合不紧密，轭骨在上颌骨后参与头骨上颌缘的构成，顶骨大且具一变窄的方形前突，棒骨侧突长，乌喙骨和肩胛骨分别骨化，乌喙骨圆盘形，具腹膜肋。

乌鲁木齐鲵仅包括六道湾乌鲁木齐鲵一种。该种产自中国新疆维吾尔自治区乌鲁木齐市的芦草沟组，时代大致为乌拉尔世的萨克马尔期（Sakmarian），距今约 2.9 亿年。六道湾乌鲁木齐鲵有可能是产自哈萨克斯坦下二叠统的 *Utegenia shpinari* 的晚出同物异名，二者均具有腹膜肋，表明与盘蜥螈科下的盘蜥螈等关系并不紧密。

半甲齿龟

半甲齿龟是齿龟科齿龟属已灭绝的单属独种。属名 *"Odontochelys"* 源自希腊语 *"odontos"*，指其具齿；种名源自拉丁语 *"semi-"* 和 *"testaceus"*，指其仅具一半甲壳。

半甲齿龟的上下颌及腭部具牙齿，吻部尖长；椎板骨化，背肋加宽；腹甲狭长椭圆形，上腹板具背突，中腹板两对；后坐骨蝶状，在坐骨后闭合肛孔。

半甲齿龟产自中国贵州省关岭县的上三叠统法郎组，时代是卡尼期（Carnian），距今约 2.2 亿年。通常认为半甲齿龟是龟鳖目最原始的成员或与龟鳖目构成姐妹群，其身体结构尤其是背腹甲和肩带形态介于祖龟和原颚龟之间。半甲齿龟腹甲优先背甲发育，被认为是龟鳖类水生起源假说的力证，然而对同一现象的不同解释和其肱骨近端关节面上骨组织无血管性坏死现象的发现则证明龟鳖类可能起源于陆地。

原颚龟

原颚龟是原颚龟科已灭绝的一属。属名"*Proganochelys*"源自希腊语"*pro-*"，在前和"*ganos*"为美丽的、有光泽的。

原颚龟具上颚骨、泪骨和泪骨管，基翼骨关节可活动，中耳无骨化侧壁，具一对犁骨，后耳骨的副枕突仅以远端连接脑颅，基枕骨具腹侧结节，尾部具骨棒。

原颚龟包括两种：产自德国上三叠统勒文施泰因组（Löwenstein Formation）的昆氏原颚龟和产自泰国上三叠统 Huai Hin Lat 组的鲁氏原颚龟，均相当于诺利阶（Norian），距今约 2.1 亿年。

原颚龟是基干的龟鳖类之一，也是最早具有完整背腹甲的龟鳖类。

满洲龟

满洲龟是大贝氏龟科已灭绝的一属。属名"*Manchurochelys*"源自产地被日本侵略者占领时期的傀儡政权名称。

满洲龟的甲壳低矮，背腹甲通过韧带相连；左右前额骨相互接触，眶后骨和顶骨不接触鳞骨，后腭孔大；具颈盾；第一椎盾宽于颈板；椎板 8 枚，不具前椎板；第一缘板接触肋板；第二上臀板明显大于第一上臀板；腹甲后叶狭长，不具中腹窗和侧腹窗。

满洲龟仅包括满洲满洲龟一种，该种产自中国辽宁锦州的下白垩统义县组和内蒙古赤峰的下白垩统九佛堂组，相当于阿普特阶（Aptian Stage），距今 1.25 亿～ 1.20 亿年。原归入满洲龟属的东海满洲龟和辽西满洲龟后被移入河套龟属。

满洲龟是热河生物群中最早发现的龟鳖类，命名于第二次世界大战期间，模式标本随后丢失。

南雄龟

南雄龟是鳖超科已灭绝南雄龟科的统称。

南雄龟个体巨大，甲壳可达 1 米以上，耳柱骨切迹封闭，乌喙骨扇状，髂骨突缺失，四肢披有骨板，椎板序列完整，椎板程式为 6 ＜ 4 ＞ 6 ＞ 6 ＞ 6 ＞ 6 ＞ 6 ＞ 6，上臀板 2 枚，第一上臀板远小于第二上臀板，腹甲前后叶宽大，前叶前伸可超过背甲前缘，骨桥长，内腹板宽大，肱胸沟前曲覆盖内腹板，腹甲中沟曲折。背腹甲均具强烈发育的网状纹饰。

南雄龟主要分布于亚洲和北美洲的上白垩统地层中，最早出现于亚洲的下白垩统，在上白垩统顶部消失。包括南雄龟属、江西龟属、豫龟属、臧氏龟属、异龟属、博克多汗龟属、卡氏龟属和北美洲的国王龟属，共 8 属 10 余种。其中，南雄龟、江西龟和豫龟为中国特有属，属型种分别为乌迳南雄龟、赣州江西龟和南阳豫龟。

南雄龟和鳖超科中的橡龟科亲缘关系较近，但其身体构造、部分形态特征以及埋藏环境更接近于现在的陆龟科。虽然关于南雄龟的生活习性尚存争议，但其可能是鳖超科中唯一的陆生类型成员，并在陆龟科出现前占据类似的生态位。

卞氏兽

卞氏兽是已灭绝的兽孔类的一属。卞氏兽的名字源自化石的发现者卞美年。

卞氏兽属由中国古生物学家杨钟健建立于 1940 年，属下包含云南卞氏兽和大卞氏兽两个种，其中前者是模式种，后者有可能是云南卞氏兽的老年个体，两种卞氏兽均发现在中国云南下侏罗统，它们是进步的三列齿兽类代表之一。云南卞氏兽的正型标本还是中国科学院古脊椎动物与古人类研究所第一号标本。

卞氏兽的头骨比较原始而头后骨骼则十分进步，主要形态特征有：脑较不发育；下颌仍有非齿骨成分，因而上下颌的连接仍是原始类型（关节骨和方骨）；牙齿分化为门齿和颊齿，但颊齿仍未分化出前臼齿和臼齿；上颊齿具三行齿尖，下颊齿仅有两行。啮合时下颌作前后向的活动，下颊齿上的两列齿尖

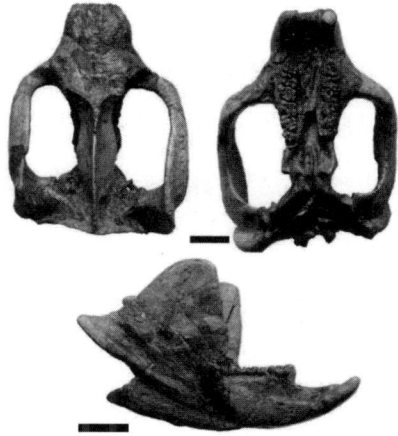

云南卞氏兽正模（比例尺等于 2 厘米）

嵌入上颊齿齿尖之间的两行沟内进行磨碾。咬合时下颌没有像哺乳类那样的横向动作。

潜　龙

潜龙是离龙类已灭绝的一属。潜龙的名字源自希腊语 "hyphalos"

和"šaurus",意为"水下的蜥蜴"。

潜龙生活在白垩纪早期,是热河生物群的典型代表之一,是离龙类中较进步的一个类群。截至2019年,潜龙类、满洲鳄类和新离龙类之间的分类关系仍不明确。潜龙属下包括凌源潜龙和白台沟潜龙两个物种,两者都发现于中国辽宁。

潜龙的头部相对身体细小;成年个体中的下颞孔封闭消失;颈部很长,由19~24个颈椎构成;尾椎上的神经脊呈三角形;后足第三和第四距骨的长度基本相同。

凌源潜龙复原图

潜龙广泛分布在淡水湖的深水区域中,与蛇颈龙类相似,潜龙潜伏在水中等待猎物靠近后突然袭击,常见的捕食对象有鱼类(如狼鳍鱼)和节肢动物。完全生活在水里的潜龙通过卵胎生的方式繁殖。

伊克昭龙

伊克昭龙是离龙类中已灭绝的一属。

伊克昭龙属于新离龙类,属内包含孙氏伊克昭龙、高氏伊克昭龙、马氏伊克昭龙和皮家沟伊克昭龙4个物种。伊克昭龙化石在蒙古国和中国内蒙古、辽宁均有发现。

皮家沟伊克昭龙化石

伊克昭龙眼眶前面的头骨部分长度约为头骨总长的一半;上颞孔位于下颞孔的背后方;副蝶骨的腭面上有牙

齿；夹板骨向前延伸进两个下颌支连接处；牙齿形态简单，都是细长形。

伊克昭龙是水生或半水生的爬行动物，可能主要以鱼类为食。与外形相似的鳄类不同，伊克昭龙可能会用腭部的牙齿"处理"食物，如将肉块从口腔的前部往咽部搬运。

黔 鳄

黔鳄是主龙类中已灭绝的一属。属名"*Qianosuchus*"源自贵州省名"黔"和希腊语"soûkhos"，意为"发现于贵州的鳄"。

黔鳄是副鳄形类中波波龙类的基干成员，混形黔鳄是黔鳄属下唯一的物种。虽然被称为"鳄"，但黔鳄其实并不属于鳄类。

黔鳄的前颌骨上有 9 枚匕首状的牙齿。头部所有开孔中外鼻孔长度最大，因此外鼻孔位置比其他主龙类更加靠后。下颌后部的下颌外窗具有半椭圆形的轮廓。除寰椎外的所有颈椎具有矮而宽的神经棘，每个颈椎背面均有 5 个盾片；尾椎的神经棘高而窄。颈肋很长，大多是椎体长度的 4 倍或以上。肩胛骨呈斧头状。

混形黔鳄既有陆生动物的特征，又出现了对水生环境适应的特征。学者们结合骨骼特征和地质环境信息推断，混形黔鳄可能生活在海岸或岛屿的环境中，类似于湾鳄。混形黔鳄匕首状的牙齿指示它应当是肉食动物，可能以水中的鱼类和其他海生爬行动物为食。

山西鳄

山西鳄是主龙类中已灭绝的一属。属名"*Shansisuchus*"源自山西

山西鳄骨骼复原图

省名和古希腊语"soûkhos"，意为"发现于山西省的鳄"。

山西鳄的前颌骨上有 6 枚牙齿，且所有牙齿上均有锯齿状的纹饰；鼻下孔发育，即在眶前孔和外鼻孔之间有一个较大的开孔；前颌骨后突嵌入鼻骨背面的凹槽，因此这两块骨骼的接触面较为平滑；眶后骨的下降支上有一小突起向前延伸进入眼眶；鳞骨下降支的侧面（组成下颞孔后边缘的部分）分叉；颈椎和部分背椎之间有弓状的间椎体。

山西鳄化石发现于三叠系的二马营组以及铜川组地层中。属下包含 3 个种，不过可能仅模式种山西山西鳄有效。研究认为山西鳄属于主龙型类中的引鳄类，与引鳄属和武氏鳄属的亲缘关系最近，而与主龙类的亲缘关系较远。尽管名字中有"鳄"字，但山西鳄不属于鳄类。山西鳄体长约 2 米，可能以同时代的兽孔类为食。

芙蓉龙

芙蓉龙是波波龙类中已灭绝的一属。属名"*Lotosaurus*"源自化石发现的地点芙蓉桥乡。

芙蓉龙属内仅有模式种无牙芙蓉龙一种，化石发现于中国湖南及湖北的中三叠世巴东组地层中。

芙蓉龙的上下颌均没有牙齿；背椎的神经棘纵向加长，整体呈帆状，与二叠纪时盘龙类中的异齿龙

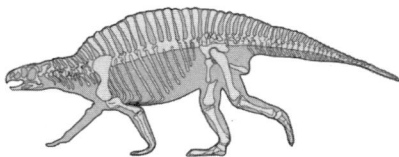

芙蓉龙骨骼复原图

背帆形态有些类似，但芙蓉龙的神经棘高度不及盘龙类；前后肢较粗壮。

芙蓉龙为陆生的爬行动物，体长约 2 米，学者们推测其应为植食性动物。

恐头龙

恐头龙是主龙类已灭绝的一属。属名"*Dinocephalosaurus*"源自希腊语"deinós""képhalos"和"šaurus"。仅包含东方恐头龙一个种。

恐头龙属是长颈龙类下的一个类群，与巨胫龙属、长颈龙属和伦巴底蜥属的亲缘关系最近。

恐头龙的前颌骨向后延伸至外鼻孔的后边缘；上颌骨长而粗壮；轭骨没有腹后突，整体呈 L 形（在鳄类中，轭骨有腹后突，呈倒 T 形）；前颌骨和上颌骨的外边缘上有两处明显的凹陷；顶骨的背面平滑；下颌关节骨上的反关节突细小。

恐头龙生活在混浊的浅海区域，主要以鱼类和软体动物为食，是已知最早的胎生爬行动物，这种特别的繁殖方式可能与其在海洋中的生活习性息息相关。

大凌河蜥

大凌河蜥是一个已灭绝的中生代有鳞类化石属。

大凌河蜥生活在距今 1.25 亿～1.15 亿年的早白垩世，其属型种为长趾大凌河蜥，由中国学者姬书安于 1998 年根据产自中国辽宁省北票四合屯化石点义县组中的一具头后骨骼骨架命名。之后又陆续发现多件标本，其中义县组陆家屯层中产出的化石材料呈三维立体保存。

大凌河蜥是热河生物群中较为常见的爬行动物分子，成年个体小，长约 15 厘米，头骨骨化程度高，头顶上具有突起的纹饰。后肢明显长于前肢，最初被认为是一种兼性双足奔跑动物，但后续研究发现，它的髂骨前部不具有现代两足奔跑蜥蜴典型的增大前突，再加上十分纤细的末端指（趾）节，显示大凌河蜥更可能是一种攀爬动物。大凌河蜥具有细颗粒状的背部鳞片和菱形的腹部鳞片，尾部鳞片前后变长，围成环状。

一件保存了 16 个不同大小个体的大凌河蜥标本显示大凌河蜥在个体发育过程中头骨纹饰发生了明显变化，但头骨形态和四肢比例并没有太大变化；同时，这一研究也表明大凌河蜥可能采取群居方式来增加生存概率。大凌河蜥头骨的形态学研究与多次系统发育学分析显示，大凌河蜥与现生的鳄蜥亲缘关系密切，由此推断鳄蜥类有着很长的演化历史。

提基蜥

提基蜥是有鳞类的一个化石属。

提基蜥的属型种是埃氏提基蜥，由 P.M. 达塔和 S. 雷命名于 2006 年，其正型标本来自印度中央邦沙赫多尔上三叠统提基组，时代为距今 2.29 亿～ 2.16 亿年。因此，提基蜥被认为是已知最早的有鳞类成员。

提基蜥的化石材料仅一件（即正模标本），是一个几乎完整的齿骨。齿骨具有齿列长、后部牙齿端生且具三尖、无冠状突等特征，与端生齿类蜥蜴（包括人们所熟悉的松狮、沙蜥在内的有鳞类类群）的齿骨非常相似。另外，系统发育分析显示提基蜥位于端生齿类中，与现生的进步"鬣蜥类"属种构成一个单系类群。若上述结论成立，则说明在晚三叠世时有鳞类的冠群类群就已出现且高度分异。但 M.N. 哈钦森等指出提基蜥与现生的"鬣蜥类"成员，尤其是飞蜥类成员的齿骨几乎无法区分；在晚三叠世时就出现了这么进步的冠群成员，使得有鳞类中大部分支系的演化都需要很长的时间和非常早的分化节点。这与有鳞类各类群的化石记录现状并不相符。考虑到产出提基蜥的地层出露情况以及提基蜥以筛洗方式获得的事实，哈钦森等认为筛洗的提基组岩样中可能混入了新近纪或第四纪沉积物，而提基蜥来自混入的年轻沉积物，因此它的年龄不应该是提基组的时代，而是后期混入沉积物的时代，即新近纪或第四纪。如果这一说法是正确的，那么提基蜥就不再是已知最早的有鳞类成员。

古　鳄

古鳄是主龙类中已灭绝的一属。属名"*Proterosuchus*"源自拉丁语"prōterō"和"soûkhos"，意为"在前的鳄"。

Chasmatosaurus 和 *Elaphrosuchus* 是古鳄属的两个同物异名（同一个分类单元的不同名字）。古鳄属于古鳄科，与主龙属的亲缘关系较近。古鳄属下有模式种弗氏古鳄和袁氏古鳄两个种。最初描述的加斯马吐龙

弗氏曲吻鳄头骨复原侧视图（右图为颠倒后）

后来认为并不属于本类群，而属于主龙类。古鳄生活在早三叠世，化石在中国和南非均有发现。

古鳄体长 1.5 ～ 2.2 米，鼻部呈弯钩状，下颌较长，牙齿呈圆锥状且近似等大，颈部强壮，腿短而粗壮，尾巴较长。

学者们推测古鳄与现生的鳄类一样，是生活在淡水中的肉食动物。古鳄平常潜伏在水中，等待猎物靠近后会突然发起袭击。与现生鳄类不同的是，古鳄捕食的主要对象是陆生动物。

肌　鳄

肌鳄是鳄形类中已灭绝的一属。属名“*Sarcosuchus*”源自希腊语“sárx”和“soûkhos”，意为“肌肉强壮的鳄”。

肌鳄属于新鳄类中的大头鳄类，与鳄类的亲缘关系很远。肌鳄属下有帝王肌鳄和哈氏肌鳄两个种，其中帝王肌鳄生活在早白垩世，化石仅发现于非洲和南美洲。

除异乎寻常的巨大体形外，肌鳄还具有较长、较宽的吻部；吻部前端有一个鼓泡，类似于恒河食鱼鳄的肉壶（ghara）；前颌骨上的牙齿不与下颌牙齿咬合，所以嘴巴闭合时牙齿之间有空隙；前部的上颌齿比较小，下颌的第三和第四齿较大。

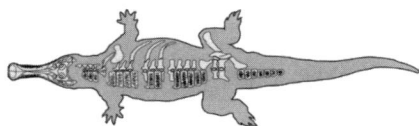

帝王肌鳄骨骼复原图

肌鳄与大多数大头鳄类一样是生活在淡水中的肉食动物。因为肌鳄的牙齿粗钝，而且上下牙不完全咬合，学者们推测它的食性可能与现生的尼罗鳄相似，以同时代的大型动物为食。肌鳄的巨大体形可能与其具有一个较长的快速生长期有关。

马门溪龙

马门溪龙是真蜥脚类已灭绝的一属。

马门溪龙的模式种建设种由中国古生物学家杨钟

马门溪龙骨架

健命名于 1954 年，标本发现于中国四川宜宾马门溪。杨钟健和赵喜进 1972 年研究发表的合川种因为保存相对完好被陈列于许多博物馆中，体长 22 米。1987 年中国－加拿大恐龙考察队在中国新疆准噶尔盆地东部将军庙晚侏罗世石树沟组上部发现的中加马门溪龙体长可达 26 米，和北美著名的梁龙相当，中加马门溪龙还保存了一根长达 4.1 米的颈肋。

1996 年报道的发现于四川自贡新民乡上沙溪庙组的杨氏种是一具保存近乎完整的骨架，包括基本完整的头骨、18 枚颈椎、12 枚背椎、5 枚荐椎、14 枚尾椎、近乎完全的肩带、腰带和四肢、若干肋骨和脉弧以及一块皮肤印痕化石。

马门溪龙复原图

马门溪龙的头骨轻巧，齿列长，齿数多。颈部长度约为体长的一半，颈椎数最多达 19 枚，在蜥脚类中数目最多。荐前椎为后凹型，椎体内具蜂窝状构造，后部颈椎和前部背椎的神经棘分叉，前部尾椎为前凹型，中后部尾椎为双平型，中后部尾椎的人字骨分叉。肩胛骨长于股骨，前后肢长度比例为3/4 ~ 4/5，前后足均较小。尽管马门溪龙体长，但和梁龙一样，体重相对较轻。据推算，22 米长的合川马门溪龙只有 12 吨左右，比长度相当的雷龙（35 吨）和腕龙（29 吨）要轻得多。

梁　龙

梁龙是新蜥脚类梁龙科梁龙亚科已灭绝的一属。

梁龙由美国古生物学家 O.C. 马什命名于 1878 年，是北美晚侏罗世莫里逊组中的代表性恐龙之一。与此同时，莫里逊组中还发现有圆顶龙、雷龙和腕龙等蜥脚类，角鼻龙和异特龙等兽脚类，以及剑龙等。

梁龙骨架

梁龙复原图

1901 年命名的梁龙卡内基种化石保存最好，长 25 米，15 枚颈椎较长，而尾部占体长的一半多。因此，梁龙相对而言躯体很短，与其他蜥脚类恐龙相比体重较轻，推测仅有十几吨。梁龙的前肢略短于后肢，前肢上有一个巨大而弯曲的爪子。最特殊的结构是其吻端具有棒状的牙齿，无论是上颌齿还是下颌齿的磨蚀面都位于唇侧。通常上颌齿的磨蚀面位于舌侧，这样可以和下颌齿相互咬合。梁龙这种特殊的结构说明其上下颌齿在进食时并不接触，而是同时都和所要摄食的植物进行研磨，很可能是上颌齿用来固定树枝一端，而下颌齿则用来剥食树叶。

雷 龙

雷龙是新蜥脚类梁龙科迷惑龙亚科已灭绝的一属。

雷龙由美国古生物学家 O.C. 马什于 1879 年命名，和梁龙一样发现于北美晚侏罗世莫里逊组的地层中。尽管雷龙比梁龙略短几米，但它的颈椎和四肢比梁龙更加粗壮，脊椎具有较高的神经棘，肋骨也较长，因此体重要超过梁龙，可达 30 吨左右。

雷龙和同样发现于莫里逊组的另一种迷惑龙的关系还有待深入研究。美国古生物学家 E.S. 里格斯在 1903 年认为雷龙就是迷惑龙。因为迷惑龙是马什在 1877 年命名的，因此根据古生物命名法规迷惑龙具有优先权，雷龙则是它的同物异名。如此一来，尽管雷龙的名字沿用至今，在学术界却是无效的，只能把它当作迷惑龙的一个俗称。不过 2015 年的一项研究却认为雷龙和迷惑龙存在差异，可以作为独立的一个属。无论如何，两者的关系密切，

雷龙骨架

雷龙复原图

都属于迷惑龙亚科，是梁龙亚科的姐妹群。迷惑龙头骨的形态特征也曾经是个谜。尽管 1909 年曾在距迷惑龙的头后骨骼几米远处发现有一个头骨，但当时美国古生物学家 H.F. 奥斯朋却还是认为迷惑龙的头骨应该更像圆顶龙。直到 20 世纪 70 年代，J.S. 麦金托什的研究表明之前发现的较粗壮的梁龙的头骨其实是迷惑龙的头骨。

盘足龙

盘足龙是蜥脚类巨龙形类恐龙已灭绝的一属。

盘足龙化石发现于中国山东蒙阴宁家沟早白垩世蒙阴组的地层中。由瑞典古生物学家 C. 维曼于 1929 年命名，是基于中国的化石材料命名的第一个恐龙新属种。盘足龙化石点最早于 1913 年由德国神父 R. 梅腾斯发现，是中国最早经科学发现的恐龙化石。1916 年，部分标本经德国采矿工程师 W. 贝汉格交给了中国农商部地质调查所的地质学家丁文江，这是最早被中国科研机构收藏的恐龙标本。1922 年农商部地质调查所的谭锡畴与受聘在华工作的瑞典科学家 J.G. 安特生到蒙阴考查并确定化石产地。1923 年，协助安特生在华野外工作的奥地利古脊椎动物学家 O. 师丹斯基和谭锡畴在此地点又发掘出了两具盘足龙的部分骨架，标本运往瑞典乌普萨拉大学，并保存至今。1934 年，中国古生物学家杨钟健和卞美年到同一化石点发掘并采到很可能是属于之前

盘足龙头骨

两具个体之一的其他部分骨骼，并于 1935 年对这些材料进行了研究报道。

盘足龙牙齿的舌侧面上有个小瘤，颈肋置于颈椎体之下，背椎上的隔壁结构很特殊，侧视可见一 K 字形轮廓。

盘足龙复原图

盘足龙曾和马门溪龙等中国侏罗纪的恐龙归为一类，是中国和东亚特有的土著类群。然而，现在学者多认为它属于巨龙形类，而马门溪龙等都是较原始的非新蜥脚类的蜥脚类。更有人提出盘足龙和若干东亚早白垩世的基干海绵椎类构成了一个新的单系类群——盘足龙科。

阿根廷龙

阿根廷龙是蜥脚类巨龙形类恐龙的一属。

阿根廷龙发现于阿根廷晚白垩世塞诺曼期，由 J.F. 波拿巴和 R. 科里亚命名于 1993 年。属下仅有一种。正型标本保存有 6 枚背椎、5 枚荐椎、部分肋骨和右侧腓骨。最高的一个背椎高达 1.59 米，腓骨长达 1.55 米。另外，还有一根横截面周长至少 1.18 米的股骨也被认为是属于阿根廷龙的。推测阿根廷龙的体长约为 40 米，体重可达 80 吨。阿

阿根廷龙骨架

阿根廷龙复原图

根廷龙无疑是地球陆地上曾经生活过的大型动物之一，它们行走的速度估计有 7.2 千米 / 时。

阿根廷龙是群居动物，每年都会聚集在宽阔的泛滥平原上产蛋繁殖。每个雌性阿根廷龙都会产下一大窝直径大约 22 厘米的蛋。如果能够顺利孵化，小阿根廷龙要经过大约 15 年才能成年。不过在成长的过程中，只有为数很少的个体才能最终存活至成年。

萨尔塔龙

萨尔塔龙是巨龙形类蜥脚类已灭绝的一属。

萨尔塔龙的化石发现于阿根廷晚白垩世马斯特里赫特期的地层中。阿根廷古生物学家 J.F. 波拿巴和 J.E. 鲍威尔于 1980 年研究命名了护甲萨尔塔龙，属名献给化石产地所在的阿根廷西北部的萨尔塔省，种名表示这是一个被甲片保护着的恐龙。

尽管体形相对较小，体长只有 10 米左右，但是萨尔塔龙却很敦实。它们的牙齿呈棒状，脖子相对较短，椎体有侧凹，四肢特别短粗，尤其是前后足都发生了明显的退化。最特殊的是它们身披背甲，长约 12 厘米的较大甲片呈椭圆形纵向排列，而呈圆形或多边形的小甲片直径则只有 7 毫米左右。这些甲片元

萨尔塔龙复原图

疑是很好的防卫装置。尽管萨尔塔龙比较小，恐怕它们也和其他蜥脚类恐龙一样无法奔跑——它们的四肢垂直矗立于体下支撑着沉重的身躯，不易发生弯曲。在晚白垩世时的南美洲和非洲，像萨尔塔龙这样的巨龙类依然是植食性恐龙的主体，而在同时期北方的劳亚大陆上，鸭嘴龙类和角龙类则远远超过了蜥脚类。

腔骨龙

腔骨龙是原始的小型肉食性恐龙。兽脚类恐龙的一属，已灭绝。

腔骨龙的化石发现于北美洲晚三叠世的地层中，因其肢骨骨壁薄且具有大的髓腔而得名。

腔骨龙体长可达 3 米。身体轻盈，善于奔跑，骨骼形态较埃雷拉龙及始盗龙更加进步。它的头骨长而狭窄，吻部尖细，头骨上的许多孔洞有助于减轻头部的重量；但外下颌窗较小，其长度仅相当于整个下颌长度的 1/10 左右。和大多数兽脚类恐龙一样，腔骨龙的牙齿锋利且边缘具锯齿。此外，腔骨龙的眼睛较大，眼眶内部具有巩膜环，推测其具有发达的视觉系统和一定的夜视能力。腔骨龙还具有叉骨，是具有叉骨的恐龙中时代最早的代表。其前肢具有四指，但只有第一、第二、第三指具有功能，第四指隐于皮下。其尾椎的前关节突相互交错，形成半僵直的结构，在快速运动时有助于保持身体平衡。

1947 年在美国新墨西哥州的幽灵牧场附近曾发现一个腔骨龙化石层，保存了数百个不同发育阶段的腔骨龙个体。研究表明，腔骨龙幼体的发育十分迅速，在出壳后的 2 ～ 3 年即可达到性成熟。在达到性成熟后，腔骨龙的头骨和颈部的骨骼具有明显的性双型特征。

始盗龙

始盗龙是兽脚类恐龙的一属。已灭绝。

始盗龙仅包括月亮谷始盗龙一种，是已知时代较早的兽脚类恐龙之一。化石发现于阿根廷西北部伊斯巨拉斯托盆地的晚三叠世（距今 2.31亿～ 2.28 亿年）的地层中。

始盗龙体长约 1.5 米。身体轻盈，善于奔跑。其头骨纤巧，外鼻孔较大。由于上颌牙齿呈叶状，因此被认为可能属于杂食动物。始盗龙的后肢发达，前肢长度仅相当于后肢的一半。前肢具五指，内侧三指发达且远端具有锋利的指爪，但外侧的两根手指十分短小；后肢亦具五趾，且第五趾退化。腰带小巧，仅由三枚荐椎连接。四肢骨骼轻而薄，椎体气腔化，这些骨骼特征表明始盗龙较埃雷拉龙更加进步，但较腔骨龙更加原始。

神州龙

神州龙是似鸟龙类已灭绝的一属。

神州龙的化石发现于中国辽宁省西部北票市早白垩世的地层中，时代距今约 1.25 亿年。

神州龙具有似鸟龙类恐龙的原始特征，如内侧掌骨较短，长度只有第二掌骨的一半。在更原始的似鸟龙类恐龙似鹈鹕龙中，只是上颌骨上的牙齿退化，而在更进步的似鸟龙类中，牙齿则完全退化，由角质喙所取代。神州龙上颌的牙齿完全退化消失，下颌骨只在前部接近齿骨联合的部位长有牙齿，因此代表了原始的似鸟龙类恐龙演化的一个过渡阶段。神州龙的胃部保存有胃石，指示其可能是植食性的恐龙。

原始的似鸟龙类恐龙在中国的发现表明似鸟龙类在东亚有着深远的演化历史，但由于更原始的似鹈鹕龙、恩霹渥巴龙分别发现于欧洲和非洲，所以似鸟龙类真正的起源地仍有待更进一步的研究。

中国似鸟龙

中国似鸟龙是似鸟龙类已灭绝的一属。

中国似鸟龙的化石发现于中国内蒙古自治区阿拉善左旗上白垩统乌兰苏海组的地层中。中国似鸟龙属于似鸟龙类恐龙中较进步的一个分支——似鸟龙科。它是似鸟龙科中较原始的属种，比它更原始的仅有发现于中国内蒙古二连浩特地区上白垩统二连组的亚洲古似鸟龙。

似鸟龙科最典型的特征是它们具有一个夹趾型的脚掌，即中间的跖骨在近端收缩变细，完全被两边的跖骨所遮蔽。这样的结构可以在其运动的时候增加骨骼的稳定性和强度，因此似鸟龙科的恐龙应该具有很强的奔跑能力。

中国似鸟龙的模式种为董氏中国似鸟龙，正型标本是一具保存较完整的亚成年个体，体长约为2.5米。中国似鸟龙是一类群居的动物，最初于1997年由中国、日本和蒙古国的科学家联合考察时发现。最初发现的标本包括至少14具保持关节的骨架，其中3具为亚成年到成年的个体，其他11具为幼年个体。在亚成年个体的中国似鸟龙化石中，小腿和大腿长度的比例高于幼年个体，表明其在成长的过程中运动能力有逐渐变强的趋势。这些标本保存在泥岩中，并且表面混杂有黏土，没有风化也没有死后移动的痕迹，据此推测这些个体是群体生活的一个种群，由于遭遇了灾害性事件而同时死亡并即时埋藏。2001 年，在同一地点又发现了由超过 20 具幼年和亚成年个体形成的化石群，再次证明了这一推测。

泥潭龙

泥潭龙是兽脚类角鼻龙类恐龙已灭绝的一属。

泥潭龙仅包括难逃泥潭龙一种，化石发现于中国新疆准噶尔盆地五彩湾地区中侏罗世的地层中。

泥潭龙体长不足 3 米，因化石发现于可能由蜥脚类恐龙踩踏形成的泥潭中而得名。成年泥潭龙的头骨低长，约为其股骨长度的一半；其上下颌均无齿，而是由角质喙包裹，因此代表了已知时代最早也是最原始的具有角质喙的兽脚类恐龙。泥潭龙的前肢短小，后肢修长，善于奔跑；前肢具四根手指，第五指完全消失，第一指高度退化，说明在向鸟类演化的过程中，恐龙的第二、第三、第四指演化为鸟类的 3 根手指，这一发现与发育生物学方面的证据相一致，为揭示鸟类手指的演化过程提供了重要的信息。在之后发现的泥潭龙幼年个体当中，研究者发现其口缘长满牙齿，而且牙齿在个体发育的过程中逐渐丢失。这一发现不仅是牙齿的异时发育丢失现象在爬行动物中的首次报道，也是在化石记录中的首次发现。伴随着牙齿的丢失，泥潭龙的角质喙逐渐长出，胃石的体积也不断增加，反映出其食性在个体发育过程中亦出现过显著的变化。同位素证据显示，幼年的泥潭龙可能是一种杂食性动物，而成年泥潭龙则是严格的植食性动物，证明了部分兽脚类恐龙的食性在个体发育过程中可能发生过转变。

单嵴龙

单嵴龙是兽脚类恐龙已灭绝的一属。

单嵴龙的化石发现于中国新疆准噶尔盆地东缘将军庙中侏罗世的地层中。仅包括江氏单嵴龙一种。

单嵴龙是一种大型肉食性恐龙，体长约 5.5 米，体重约 500 千克，因头部具一个由前上颌骨、鼻骨和泪骨组成的前后向延伸的巨大头冠而得名。此冠的背边缘与上颌骨的腹边缘平行，在眶前窗背侧的头冠上发育有 2 个大小相似的深窝，向后一直延伸至眼眶的上方；组成头冠的前上颌骨、鼻骨和泪骨高度气腔化，颧骨亦气腔化；泪骨呈躺倒的 T 形，其上升支组成头冠的后边缘；眶后骨上发育一不甚显著的突起；额骨虽不参与头冠的组成，但由于头冠的存在，2 块额骨的形状接近四边形，这一特征在兽脚类恐龙中十分独特。单嵴龙的外下颌窗减小；上下颌口缘长满锋利的牙齿，其中前上颌齿 4 枚，上颌齿 13 枚，下颌齿 17 ～ 18 枚。单嵴龙的椎体高度气腔化，其腰带保留了许多原始特征，包括肠骨的耻骨突具有向下和斜向前的 2 个面，以及髋臼背侧发育一帽状的对转子等。

单嵴龙的分类位置仍存在争议，曾被归入巨龙类和异特龙类中，但有研究表明单嵴龙可能是一种基干坚尾龙类。

树息龙

树息龙是兽脚类恐龙已灭绝的一属，属于与鸟类关系比较接近的擅攀鸟龙类。

树息龙的模式种为宁城树息龙，正型标本发现于中国内蒙古宁城，时代为侏罗纪中晚期（距今 1.66 亿～ 1.59 亿年）。正型标本为一未成年个体，体形非常小，和家雀大小相当。由于至今没有发现成年个体的标本，所以树息龙成年个体的大小依然是个未知数。树息龙因其演化出了明显的树栖特征而得名。它加长的前肢以及弯曲的指爪明显适用于树栖，也就是说在鸟类演化的初期阶段，可能前肢先适应于树栖攀爬，随后才演化出了适应于飞行的翅膀。树息龙的足部特征也不同于一般的非鸟兽脚类恐龙，而更接近于华夏鸟及长翼鸟等原始鸟类以及树栖的翼龙。

树息龙的发现有力地支持了鸟类的树栖起源说，在鸟类早期演化的研究中具有重要的意义。树息龙的另外一个显著特征是第三指很长，长度接近于第二指的两倍。这一特征可能与其食性有着紧密的关系，有研究者认为这一结构可能类似于马达加斯加的指猴，通过其加长的中指来取食树木中的昆虫。

耀　龙

耀龙是兽脚类恐龙已灭绝的一属，属于与鸟类关系比较接近的擅攀鸟龙类。

耀龙的模式种为胡氏耀龙，正型标本发现于中国内蒙古宁城的道虎沟化石层，年代为侏罗纪中晚期（距今 1.66 亿～ 1.59 亿年）。

正型标本为一亚成年个体，体形比树息龙大，体长 26 厘米，尾巴上的羽片长达 18.5 厘米，体重约为 164 克，轻于绝大多数的基干鸟类。

耀龙的属名在拉丁文中意为"炫耀的羽（翅）"。耀龙的尾部长有 4 枚加长的带状尾羽，之前有关纯装饰性羽毛的化石记录最早出现在白垩纪早期，耀龙的发现将这一具有重要意义的化石记录向前推到了侏罗纪中晚期。这种长而美丽的尾羽在现代鸟类中通常被作为信息交流的工具，能够起到吸引异性的作用。从现代鸟类羽毛的分布情况来看，具有这种特化尾羽的个体很有可能是雄性个体。耀龙身体上覆盖的简单羽毛并没有类似鸟类飞羽的结构，表明它不具备飞行能力。

耀龙与树息龙的系统发育关系很近，它们同属于擅攀鸟龙类，彼此之间有很多相似的特征，也存在一些明显的不同。例如，耀龙有 16 节尾椎，而树息龙有 40 节尾椎，尾椎数量的差异直接导致了它们尾巴长度的差异，耀龙的尾巴仅为躯干长度的 70%，而树息龙的则是躯干长度的 3 倍。

中华鸟龙

中华鸟龙是美颌龙科已灭绝的一属，长有原始的羽毛。又称中华龙鸟。

中华鸟龙的化石发现于中国辽宁西部下白垩统义县组下部的湖相地层中。最大的个体长约 1.2 米，长有一个典型的兽脚类恐龙的大头骨，口中生有带小锯齿的尖锐牙齿，前肢很短，尾巴却十分长。美颌龙科是较为原始的一类虚骨龙类恐龙，最初发现于欧洲的上侏罗统中，后来在亚洲等地的下白垩统中也有发现。中华鸟龙的前掌和脊椎等形态类似于欧洲的美颌龙属，但另外一些特征则更加进步。在中华鸟龙的腹部保存有一只部分关联的蜥蜴残骸，表明中华鸟龙具有捕食蜥蜴的习性。在保存有蜥蜴化石标本的腹腔中同时还发现了数枚蛋化石，而且恰巧有两枚蛋化石保存在耻骨靴的前上方，这一保存位置证明它们并不是中华鸟龙吞进去的食物，而是未产出的蛋。成对发育的蛋表明中华鸟龙有成对的输卵管，跟其他兽脚类恐龙一样，一次生两枚蛋。最令人惊讶的是中华鸟龙的体表背部从头到尾都长有毛状结构，也正是因此命名者最初将它归入了鸟纲，但这一分类并没有骨骼形态学方面的依据。人们一般认为中华鸟龙属于兽脚类恐龙中的美颌龙科，在系统发育树上和鸟类相距甚远。中华鸟龙身上的绒毛状结构代表一种原始的羽毛，这是类似结构在恐龙中的首次发现，为解决鸟类羽毛的起源这一长期悬而未决的问题提供了重要信息，中华鸟龙也因此而闻名世界。

中华丽羽龙

中华丽羽龙是美颌龙科已灭绝的一属。

中华丽羽龙的化石发现于中国辽宁西部北票四合屯附近的下白垩统义县组地层中，生活时代在距今约 1.25 亿年。

中华丽羽龙首次被报道于 2007 年，模式种从其头部吻端至尾部末端长约 2.37 米，是当时发现的体形最大的美颌龙科成员。第二件标本发现于 2012 年，是一个体形更大的个体。它的头部比正型标本长 1/10，脚部比正型标本长 1/3，表明中华丽羽龙的全身各部分骨骼是异速生长的。与其他美颌龙科成员相比，中华丽羽龙的手部较长，前肢和后肢整体也较长。在中华丽羽龙的腹部发现了驰龙类恐龙后肢骨骼的残骸，2012 年重新研究后将此残骸鉴定为一件 1.2 米长的中国鸟龙，并且在第二件标本体内发现了孔子鸟的零散骨骼化石和鸟臀类恐龙的肩胛骨碎片，后者可能属于一只约 1.5 米长的鹦鹉嘴龙。这些证据都指示中华丽羽龙是一种灵活、迅捷的捕猎者。中华丽羽龙的身上覆盖有毛发状的原始羽毛，全身各处的羽毛长短不一，其中最长的羽毛位于臀部、尾巴的根部和大腿的后侧，长约 10 厘米。值得注意的是它们脚部的上端也覆盖有羽毛，但短于更进步的小盗龙和足羽龙这些四翼恐龙后肢上的羽毛，证明脚部羽毛的起源比之前认为的更早。

中国暴龙

中国暴龙是暴龙类恐龙的一个早期分支——原角鼻龙科的成员。已灭绝。

中国暴龙与在侏罗纪和早白垩世繁盛于北美和亚洲的暴龙科恐龙有很近的亲缘关系。已知的中国暴龙标本只有一个不完整的头骨，发现于中国辽宁西部喀左县早白垩世九佛堂组的地层中。虽然中国暴龙的年代稍晚于其他原始暴龙类（如帝龙），但其体形已经相当接近后期的大型暴龙科成员（如霸王龙）。中国暴龙的体长约 10 米，体形大于同时代的其他原始暴龙类，同时也是热河生物群中已知的最大型的兽脚类恐龙。

中国暴龙的发现具有重要的科学意义：①它进一步完善了学界对暴龙类早期演化的认识，并为研究暴龙科提供了珍贵材料，该早期属种已显示出了暴龙科的特征，进一步证明中国是世界上暴龙类主要的演化地之一。②暴龙类在早白垩世时身体已经向巨大化发展，进一步缩小了早白垩世暴龙类与晚白垩世暴龙科成员在个体大小上的差异。③对深入探讨热河生物群的组成面貌、生态环境以及古地理分布亦有重要价值。

羽王龙

羽王龙是暴龙类恐龙已灭绝的一种。

羽王龙的化石发现于中国辽宁西部下白垩统义县组中，是热河生物群中已发现的体形较大的兽脚类恐龙之一。

根据已发现的最大的化石标本可知，羽王龙体重可达 1.4 吨，体长 8 米，臀高 2.5 米。主要特征包括大型的头骨、较纤长的躯体、中等长短的前肢、较长的腿和覆盖体表的羽毛。羽王龙代表了已知体形最大的带羽毛的恐龙。不过，其身上的羽毛只是非常简单的丝状物，代表了一种原始的羽毛类型。这种羽毛结构类似于小鸡身上的绒毛，而与现生鸟类所具有的正羽明显不同。原始的丝状羽毛不具备飞行的功能，科学家推测这些原始羽毛可能是用来保持体温的。形态测量分析发现羽王龙的生长方式与高度特化的暴龙科恐龙明显不同。以股骨作为个体大小的参照标准可以发现，羽王龙的肩胛骨和肠骨都显示出负异速生长，而在暴龙科中，肩胛骨呈正异速生长，肠骨则呈近等速生长。虽然羽王龙和暴龙科恐龙的桡骨、掌骨和远端的后肢骨都呈现出负异速生长，但掌骨、胫骨和跖骨的负异速生长在羽王龙中更为明显。研究人员通过对恐龙牙齿中氧同位素的分析推测，羽王龙生活的早白垩世中期气温明显低于白垩纪的其他时期，当时的辽西地区气候可能与现在相似。在寒冷的冬季，羽毛能够帮助羽王龙减少热量的散失，这种现象类似于猛犸象和披毛犀：为适应寒冷气候，身体表面发育出了厚厚的毛来保暖。羽王龙的发现改变了科学界认为羽毛只出现在小型恐龙身上的观点，证明至少在食肉恐龙中，羽毛的分布可能相当广泛，也进一步说明了早期羽毛演化的复杂性。

霸王龙

霸王龙是已知体形最大的一种暴龙科恐龙，同时也是最为粗壮的食肉恐龙。霸王龙的化石分布于北美洲的美国与加拿大，是较晚灭绝的恐龙之一。

霸王龙体长 11.5 ～ 14.7 米，平均臀部高度约 4 米，最高臀高可达 5.2 米左右。平均体重约为 7.6 吨。头部长度最大约 1.55 米，头骨笨重，高而侧扁，具有两个很大的眶前孔，眼眶呈椭圆形。霸王龙的眼睛朝前，因此具有一定程度的立体视觉。上颌宽下颌窄，牙齿呈类似香蕉的圆锥状，适合用于压碎骨头，而其他绝大部分肉食恐龙的牙齿则多用于穿刺和切割。每个单牙皆呈两侧扁平的弯曲状，齿冠最长者可达 20 厘米。在齿骨、隅骨和前关节骨之间有粗大的活动韧带固着痕迹。它的脖子较短，有 9 或 10 枚短宽型的颈椎；背椎 13 或 14 枚，荐椎 5 枚，其神经棘紧密愈合；肩带退化，肩胛骨细长，而肱骨短小，长度仅为肩胛骨长的一半。和其他暴龙科成员一样，霸王龙的前肢非常短小，长度只有后肢的 22%，相当于一个成年人的手臂。前肢前伸无法触及嘴部，且仅有二指。腰带非常发育，结构极为紧凑，不仅肠骨与荐椎紧密愈合，坐骨与耻骨的远端也彼此贴合在一起。耻骨远端扩粗呈足状突，而坐骨远端为棒状。粗壮的腰带结构表明，其后肢活动十分强烈。后足发达，跖骨紧凑排列，局部愈合在一起。

　　研究显示霸王龙的咬合力一般可达 9 万～ 12 万牛。根据在早期暴龙类帝龙和羽王龙身上发现的原始羽毛推测，霸王龙与其他暴龙科近亲也可能具有类似的结构。不过，在加拿大与蒙古国所发现的成年暴龙科化石具有罕见的皮肤痕迹，显示其由典型的卵石状鳞片所组成。因此，也有可能是幼年个体的身体某些部分覆盖有原始的羽毛，但随着成长会逐渐脱落。一些研究认为霸王龙存在性双型现象，其中较粗壮的形态被认为是雌性个体，纤细的形态则为雄性。不过有研究显示，所谓的性双型可能是地理差异所致，抑或与年龄有关：较粗壮的个体可能代表了较年老的个体。截至 2020 年，只有一件霸王龙标本能够确认是雌性个体，依据是它具有髓质骨。髓质骨是一种出现在产蛋前或者产蛋期的雌性鸟类身上的组织，是钙质的来源，可在产卵期帮助制造蛋壳。研究显示，鳄鱼没有髓质组织，而鸟类与兽脚类恐龙都拥有髓质组织，进一步证明了两者之间的演化关系。霸王龙生存于距今 6850 万～ 6600 万年的白垩纪最末期，位于当时食物链的顶端，是白垩纪末灭绝事件前后期存活的非鸟恐龙之一。

寐　龙

　　寐龙是兽脚亚目伤齿龙科已灭绝的一属。

　　寐龙的模式种为龙寐龙，正型标本发现于中国辽宁北票陆家屯地区的地层中，时代为早白垩世，距今约 1.25 亿年。正型标本为一保存非常完整的个体，长约 53 厘米，保存姿态和鸟类的睡眠姿态几乎完全一致，其头越过肩膀，把吻部藏在了前肢和身体之间，后肢置于身体之下。这是处于睡眠姿态恐龙化石的首次报道，研究者根据其保存的睡姿将其定名为寐龙，意为"沉睡的恐龙"。有研究通过对寐龙保存姿态的分析，推测寐龙可能是一种穴居动物：火山喷出的有毒气体悄无声息地杀死了熟睡的寐龙，而后它的洞穴被火山泥流迅速掩埋，最终形成了这件保存精美的化石。

寐龙的发现说明伤齿龙类不仅在形态上与鸟类非常近似，而且在生活习性上也与鸟类有着惊人的相似之处。

尾羽龙

尾羽龙是兽脚类已灭绝恐龙的一属，属于原始的窃蛋龙类。

尾羽龙因尾部长有精美的尾羽而得名。尾羽龙的化石发现于中国辽宁西部下白垩统义县组的地层中。包括邹氏尾羽龙和董氏尾羽龙两种。

尾羽龙体形小巧，体长不足 1 米。和切齿龙一样，头骨低长，外鼻孔显著大于眶前窗，且外鼻孔腹边缘显著低于眶前窗背边缘。与切齿龙不同的是，尾羽龙的前上颌骨边缘长有 4 枚锋利的牙齿，但上颌骨和齿骨均无牙齿。尾羽龙的前上颌齿形态并未出现分化。因此，在演化上尾羽龙较切齿龙更加进步。尾羽龙的泪骨呈 Y 形，在其外侧面有一个圆形的气窝；前肢相当于后肢长度的 40%，且第三指指骨退化；尾椎较短，仅具 22 枚尾椎，相当于体长的 1/4。尾羽龙全身被羽，尾羽的长度为 15 ～ 20 厘米且两侧对称，在尾部形成一扇形的结构；前肢上着生有飞羽。此外，在尾羽龙的标本中还发现有胃石结构，表明尾羽龙很可能是一种植食性恐龙。总体来说，董氏尾羽龙与邹氏尾羽龙的差别不大。董氏尾羽龙的股骨长于胸骨，第一掌骨长于第二掌骨，坐骨较短，肠骨更长。

巨盗龙

巨盗龙是兽脚类已灭绝恐龙的一属，属于原始的窃蛋龙类。

巨盗龙的化石发现于中国内蒙古二连浩特东北的晚白垩世地层中。仅包括二连巨盗龙一种。

巨盗龙在已发现的窃蛋龙类中体形最大。已知的标本体长达 8 米，体重约 2.2 吨，死亡年龄约为 11 岁。巨盗龙的下颌具有 U 形齿骨联合、无齿及大的外下颌窗等窃蛋龙类的典型特征。巨盗龙的下颌长度相当于股骨长度的 45%，在齿骨的外侧，外下颌窗的前部具一浅窝；其前肢很长，前后肢的长度比达 0.6；肱骨向外侧伸展，肱骨头呈圆形，三角肌嵴发达且向内弯曲；第一腕掌骨很短，指端长有利爪；股骨相对较短，具有显著的股骨颈和球形的股骨头，第四转子缺失；尾巴较短，前部尾椎已具有发达的神经嵴及气腔，中部尾椎的椎体前突发达，推测其尾部的活动范围有限。

系统发育分析表明，巨盗龙属于近颌龙科的基干成员，其特征较小猎龙更加进步。巨盗龙的食性颇具争议，有学者认为它与其他窃蛋龙类一样属于植食性恐龙，但也有学者认为植食性动物一般不会具有如此发达的后肢和锋利的指爪。研究表明，巨盗龙的生长十分迅速，在 7 岁时即能达到亚成体。此外，有学者推测在亚洲和北美晚白垩世地层中发现的长达 50 厘米的巨型恐龙蛋可能属于巨盗龙，但尚需充足的证据加以证实。

切齿龙

切齿龙是兽脚类已灭绝恐龙的一属，属于原始的窃蛋龙类。

切齿龙的化石发现于中国辽宁西部下白垩统义县组的地层中。仅包括高氏切齿龙一种。

切齿龙的体长不超过 1 米，具有眶前区短、外翼骨直立、齿骨联合呈 U 形以及外下颌窗大等典型窃蛋龙类的特征，但也有许多特征不同于一般的窃蛋龙类，最典型的是长着牙齿的低长头骨。切齿龙最奇特的特征是高度分化的牙齿形态——前上颌齿 4 枚，最内侧的 1 枚极大，前后压扁酷似啮齿动物的门齿，另外 3 枚则显著缩小并呈尖锥状；上颌齿 9 枚，下颌齿 8 ～ 9 枚，亦为小的尖锥状；所有牙齿均无锯齿状边缘。此外，切齿龙的基蝶骨腹面具有前后向延伸的嵴，腭骨的上颌骨突较短，泪骨外侧面具一大型深窝，外鼻孔腹边缘显著低于眶前窗背边缘，这些特征都与进步的窃蛋龙类存在明显的区别。

窃蛋龙类具有许多类似鸟类的特征，一些学者甚至认为这类恐龙已经属于鸟类。然而，切齿龙的发现表明这一观点是错误的，切齿龙并没有其他窃蛋龙类所具有的鸟类特征，其头骨的形态介于典型虚骨龙类和进步窃蛋龙类中间的状态。对切齿龙头骨的三维重建结果表明，其头部骨骼缺少鸟类和进步窃蛋龙类所具有的气腔结构，大脑的嗅叶减小，但视叶十分发达，推测窃蛋龙类与鸟类相似的许多特征是独立演化出来的。

河源龙

河源龙是兽脚类已灭绝恐龙的一属，为进步的窃蛋龙类。

河源龙仅包括黄氏河源龙一种。正型标本发现于中国广东河源黄沙村晚白垩世地层中，为一具几乎完整的关联骨架。河源龙体长3米左右。这件标本的头骨保存不完整，但其深而短的下颌具有齿骨联合呈U形、外下颌窗较大以及上隅骨突发达等典型的进步窃蛋龙的特征。与其他窃蛋龙不同的是，河源龙的齿骨前部强烈下弯；方骨的方颧骨关节面呈浅沟状，推测在方骨与方颧骨之间具有一可活动的关节；方骨的前侧面有一小孔穿入方骨内部，似为气腔结构。和所有的进步窃蛋龙类一样，河源龙的上下颌均无牙齿，而是由角质喙包裹。河源龙的第一掌骨近端包裹第二掌骨近端；颈椎的神经嵴和肋骨上具有气孔，且肋骨上具有肋骨钩突；肩胛骨和乌喙骨愈合，二者之间夹角约为145°；乌喙骨长度相当于肩胛骨长度的35%；耻骨与坐骨几乎等长；股骨长度相当于胫骨长度的80%。

系统发育分析的结果表明，河源龙属于窃蛋龙科母驼龙亚科的成员，是中国南方晚白垩世重要的窃蛋龙类。除河源龙外，中国南方的晚白垩世地层中还发现有始兴龙、华南龙、斑嵴龙、赣州龙、江西龙、南康龙、通天龙等窃蛋龙类，以及一些窃蛋龙类的胚胎化石。

绘　龙

绘龙是甲龙类已灭绝的一属。

绘龙的化石发现于中国和蒙古国晚白垩世的地层中。模式种谷氏绘龙于 20 世纪 20 年代由美国自然历史博物馆中亚考察团发现于蒙古国，随后美国古生物学家 C.W. 吉尔摩于 1933 年进行了研究报道。1935 年，中国古生物学家杨钟健研究了一件袁复礼随中国－瑞典西北科学考察团在中国宁夏（今内蒙古阿拉善盟）采得的甲龙化石，将其命名为宁夏绘龙，但人们认为它是谷氏绘龙的同物异名。1988 年，中国－加拿大恐龙计划考察团队在内蒙古乌拉特后旗巴音满都呼采集到了若干保存完好的绘龙幼年个体化石骨骼，验证了甲龙类可能营群居生活的猜想。同样在巴音满都呼发现的还有绘龙的第二个种——魔头绘龙。1923 年采中国山东莱阳王氏群的恐龙化石中有一甲龙的荐椎并带有完整的右髂骨，保存在瑞典乌普萨拉大学，该标本应归入绘龙，这也是中国发现的第一件甲龙化石。

绘龙头骨化石

谷氏绘龙体长约 5 米。头骨扁平，在成年个体中头部的长度大于宽度；喙部略宽于末端颊齿间的距离；方骨没有与副枕骨突愈合；大部分的吻区和鼻孔部都覆盖有骨

绘龙骨架（侧面观）

绘龙复原图

板，但前颌骨的喙部没有被膜质骨覆盖；眶上区有明显的角状骨突，大部分由眶上骨形成；头骨后外侧有角状骨棘；肩部有联合的骨板；尾部有尾锤。魔头绘龙有两对小的前颌孔通向前颌骨窦腔，副鼻孔开孔向前，外鼻孔只能在背面看到，眶孔圆，面向侧面。前颌骨没有后背突插入上颌骨和鼻骨之间，泪骨呈方形，顶骨比额骨短，眶后骨的额顶骨突宽，有深的额顶骨凹。肩胛骨短粗，发育有肩峰突，肱骨发育有三角肌嵴，桡骨近端膨大。

截至 2021 年，绘龙是亚洲地区标本数量最多的甲龙类，且绝大部分标本为幼年个体。通过对其个体发育的研究发现，绘龙头部的膜质骨甲先在吻部和后缘发生骨化，再逐渐向中部延伸，而在头后部分，膜质骨甲的骨化过程则按由颈部向尾部的方向进行。

皖南龙

皖南龙是肿头龙类已灭绝的一属。

皖南龙的化石发现于中国安徽歙县岩寺上白垩统小岩组上段地层中，仅有模式种岩寺皖南龙一种。

皖南龙是体形较小的肿头龙类，体长近 1 米。头顶肿厚且平，其上有不规则排列的小而低的瘤状结节；上颞孔存在且较大；颧骨与眶后骨间连接短而牢固。齿骨高度向前渐窄，齿骨腹侧缘向内侧弯曲形成一窄的水平板；冠状突的背前部由骨化的冠状骨构成；下颌齿列长，长于下颌支全长的 1/2，其上约有 11 枚牙齿；最前端的一枚呈犬齿状，其余牙齿齿冠低且呈扇形，并向唇舌侧略有膨胀，舌侧面上有一低平的略为后置的中嵴，其前后齿冠边缘上各发育有 4 ～ 5 个小锯齿，这些锯齿在舌侧面上继续延伸发育为明显的棱嵴。肱骨非常特殊，其骨干不仅前后视弯曲并向外侧凸起，而且侧视也弯曲并向前凸起。髋臼前突向前侧方伸展，并且其背缘横向扩展。

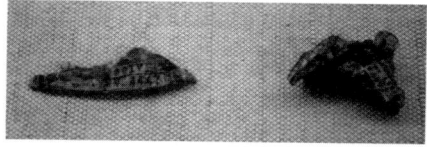

岩寺皖南龙不完整的头骨化石

皖南龙复原图

展。股骨略长于胫骨，第四转子位于骨干中位。

皖南龙是中国仅有的两属肿头龙类中的一属，另一属种为山东的红土崖小肿头龙。皖南龙属平头型的肿头龙类，但也有人怀疑它是一未成年个体，因为其成年个体未必是平头的。

隐　龙

隐龙是基干角龙类已灭绝的一属。已知最早也是最基干的角龙类。

隐龙的化石发现于中国新疆准噶尔盆地五彩湾上侏罗统石树沟组上部地层中，仅有模式种当氏隐龙一种。正型标本为一几乎完整的个体，仅缺失末端尾椎，很可能代表一近成年个体。

隐龙体形小，全长约 1.2 米，两足行走。额骨接合部形成一明显凹陷，梯形方颧骨前后长大于背腹高，副枕骨突近半段前表面发育有突出的横嵴和槽，较长的基翼突伸向腹后方，狭长的颈动脉管通道侧面被一薄板所遮挡；上隅骨的腹后方发育有一突出结节，前颌齿具垂向磨蚀面并在其底部形成一水平切迹；前肢短细，约为后肢长的 40%。

鹦鹉嘴龙

鹦鹉嘴龙是鹦鹉嘴龙科已灭绝的一属。

鹦鹉嘴龙的化石大量发现于东亚早白垩世的地层中。模式种蒙古鹦鹉嘴龙由美国古生物学家 H.F. 奥斯朋于 1923 年根据美国自然历史博物馆中亚考察团在蒙古国西戈壁发现的材料命名。已有 10 余个种被命名，且大多是根据中国北方的材料建立，模式种在中国北方也有发现。对于鹦鹉嘴龙的这些种，学者对其有效性多有讨论。中国最早发现的鹦鹉嘴龙标本是一块下颌标本，由中国地质学家袁复礼于 1927 年在包头北白云鄂博西南 16 千米处的阿木斯尔河南岸的红官鄂博的红层中采得。中国已发现了 10 余种鹦鹉嘴龙。

鹦鹉嘴龙是两足行走的小型角龙类。外鼻孔背位，其腹缘高于眼眶腹缘，眶前凹和眶前孔均不发育，鼻骨前突长，向前超出外鼻孔前缘，并与吻骨相接，前颌骨背后突发育成薄片状，并与前额骨相接。颌骨外

鹦鹉嘴龙骨架

侧面有一小凹槽和瘤突，泪骨管向外侧开孔，轭骨角突非常发育，并始于轭骨中部，与新角龙类中始于轭骨末端的情形有所区别，眶后骨

的轭骨突和鳞骨突细长，方骨内关
节髁平滑；前齿骨前缘呈半圆形，
并有一极短的舌状腹突，齿骨和隅
骨侧面无瘤突，反关节突发育，关
节骨与方骨关节面平整；前颌骨无

鹦鹉嘴龙复原图

齿，上下颌牙齿小而呈佛手状，内外侧均有釉质，下颌齿舌侧面的齿冠
主嵴非常发育，呈橄榄状，其上发育有次生嵴。鹦鹉嘴龙的腹腔中常保
存有用于磨碎食物的胃石，它们有可能生活在河湖边沿的高地上，以植
物为食，但也有人认为鹦鹉嘴龙类营半水生生活。

鹦鹉嘴龙在中国的热河群义县组中发现的个体数量较多，分布也较
密集。研究者还发现了鹦鹉嘴龙的巢穴及幼仔，由此推测它们可能具有
亲子行为。鹦鹉嘴龙的皮肤化石也有发现，其中一件鹦鹉嘴龙标本的尾
部上方保存了类似"刚毛"状的皮肤衍生物。此外，还有研究根据鹦鹉
嘴龙化石中保存的黑色素体推测其生前具有暗色的背部和浅色的腹部，
这种被称为"反荫蔽"的体色模式在现生动物中是常见的保护色。

古角龙

古角龙是基干新角龙类已灭绝恐龙的一属。

古角龙的化石发现于中国甘肃酒泉马鬃山地区下白垩统的地层中。
模式种大岛古角龙由中国－日本丝绸之路恐龙考察团于 1992 年发现于
公婆泉盆地中沟组，1997 年由中国古生物学家董枝明和日本学者东洋
一研究命名，是当时已知最基干的新角龙类恐龙。另一种俞井子种发现

大岛古角龙头骨化石

于俞井子盆地下沟组。

古角龙是两足行走的小型恐龙。头骨上仅颧骨侧面皱褶不平，而不像在黎明角龙中颧骨、齿骨和上隅骨都有皱褶发育；方颧骨侧视被遮蔽；上隅骨背侧缘向外发育一棱嵴并且向前延伸至齿骨，而在辽角龙中无此棱嵴，在黎明角龙中此棱嵴未延伸至齿骨；吻骨向前腹侧下垂，最末端低于下颌齿列；前颌骨前半段无齿，后半段着生有 3 枚牙齿；上颌齿列约有 12 枚牙齿；颧骨表面发育有瘤状结节；方颧骨侧视几乎被颧骨完全遮蔽；三角锥形的眼睑骨固着于前额骨后缘；未见鼻骨角突和眶后骨角突，顶饰发育较微弱；

古角龙复原图

背椎 12 枚，荐椎 6 枚；髂骨长而低，背缘窄，未见横向扩展，髋臼前突和后突长度相当且背视向外侧伸展；髂骨的坐骨柄远较耻骨柄发育且其侧面有一凹陷；第一距骨尤其是其近端纤细，趾式为 2-3-4-5-0，各趾最末趾节均为爪状。

原角龙

原角龙是新角龙类原角龙科已灭绝的一属。

原角龙的化石大量发现于中国北方和蒙古国的晚白垩世地层中。模式种安氏原角龙由美国自然历史博物馆的研究人员发现于蒙古国，并由美国古生物学家 W.W. 葛兰阶和 W.K. 格雷戈里于 1923 年进行了报道。尽管模式种非常著名，但截至 2019 年，没有其确切存在于中国境内的科学记述。

原角龙骨架

1988 年，中国－加拿大恐龙计划考察团队在内蒙古乌拉特后旗的巴音满都呼采得 20 多个不同年龄个体的头骨、骨架以及蛋化石。1993 年，中国古生物学家董枝明和加拿大古生物学家 P. 柯里对这批材料中的胚胎化石进行了研究，并将其中一件记述为安氏种相似种。

似希腊鼻原角龙由中国－比利时内蒙古恐龙考察队采集自内蒙古巴彦淖尔市乌拉特后旗巴音满都呼上白垩统地层中。化石标本包括从幼年到成年各个不同生长阶段个体的头骨和颅后骨骼。似希腊鼻种的成年个体体形稍大于安氏种，头骨长可达 80 厘米，而安氏种约为 50 厘米。它的鼻骨角突发育，其前缘略有凹陷；顶饰的远端向前方返折且其末缘凹凸不平；鳞骨腹支较长，与方颧骨相连；外枕骨短；前齿骨前缘与腹缘之间形成明显夹角；齿骨的腹缘平直；隅骨的后缘为三角形面；上颌齿冠纵嵴减弱。有些标本鼻骨上的一对角突稍高，并有较短的眶前部和更近于垂向发育的外鼻孔长轴，研究者推测这些特征可能为雄性所特有。

中国角龙

中国角龙是角龙科已灭绝的一属。化石发现于中国山东诸城臧家庄上白垩统王氏群的地层中，仅诸城中国角龙一种。

诸城中国角龙骨架

诸城中国角龙复原图

中国角龙是体形较大的恐龙，头骨长可达 1.8 米；有一小的眶前孔位于上颌骨背后缘，在其前方还有一个较大的附加的眶前孔；鼻骨愈合，其上有一略向后弯的角突，角突前侧方有两个粗隆；眶后骨上没有角突发育；顶骨和鳞骨后缘分别至少有 10 个和 4 个粗壮且弯曲的角状上枕突，顶骨的边缘折曲不明显，而且上枕突基部较宽。

中国角龙是角龙科尖角龙亚科最基干的成员，也是唯一确定发现于北美以外的角龙科恐龙，对于研究角龙科的起源和早期演化具有重要意义。

热河龙

热河龙是小型鸟脚类已灭绝的一属。

热河龙的化石发现于中国辽宁北票上园陆家屯下白垩统义县组的地层中。仅上园热河龙一种。正型标本包括一个近乎完整的头骨，以及保持关节的颈椎、破碎的荐椎、保持关节的部分尾椎和两侧的后肢。归入标本包括若干保存较好的头骨和头后骨骼。

热河龙具有 6 枚前颌齿，鼻骨背面具有几个小孔，方轭骨的侧面有一大的副方骨孔，眶后骨和轭骨上发育有结节状突起，轭骨后突分叉；前齿骨是前颌骨主体长的 1.5

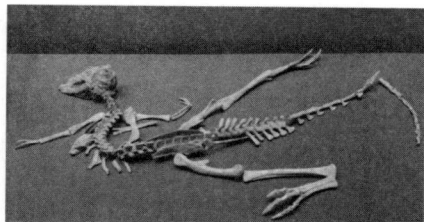

热河龙骨骼化石标本

倍，无下颌外孔；股骨无前髁间沟，跗骨不在同一平面上，第三趾的第四趾骨比同趾的其他趾骨长。

兰州龙

兰州龙是禽龙类斧胸龙类已灭绝的一属。

兰州龙的化石发现于中国甘肃临洮中铺下白垩统河口群的地层中。仅巨齿兰州龙一种，正型标本为一不完整骨架，包括不完整的左右下颌

巨齿兰州龙骨架

支（前齿骨、右冠状骨和右关节骨缺失）、若干离散的上颌齿和右下颌齿、完整的左下颌齿、6 枚颈椎、8 枚背椎、2 块胸骨、若干肋骨和 2 块耻骨。

兰州龙是大型基干禽龙类，体长约 10 米。下颌长 1 米，上下颌的牙齿巨大，下颌具一排牙齿，牙齿数目比较少，仅有 14 枚。它是已知牙齿最大的植食性恐龙。系统发育分析结果显示，兰州龙与非洲早白垩世的沉龙关系密切，它们代表了鸟脚类恐龙演化过程中四足行走且体形笨重的一个分支。

山东龙

山东龙是鸭嘴龙亚科已灭绝的一属。

1964 年 8 月，中国地质部第一普查大队在中国山东诸城吕标镇库沟村龙骨涧上白垩统王氏群下部辛格庄组的地层中首次发现一枚大型鸭嘴龙的胫骨。1964 年 10 月至 1968 年 5 月，中国地质部第一普查大队、中国地质科学院地质研究所和中国地质博物馆共同组成采集队，先后 4 次对该化石坑进行了发掘，

山东龙骨架

获得化石 224 箱，近 30 吨，包括 10 多个大小不同的个体材料，经整理复原，组装成了 4 具综合骨架，分别保存在中国地质博物馆等处。1973 年，中国古生物学家胡承志对这批标本进行了初步研究，命名为巨型山东龙。2001 年，胡承志等对保存在中国地质博物馆的化石材料进行了详细描述并专刊发表。

山东龙属中仅有巨型山东龙一种，为大型的平头鸭嘴龙，体长近达

山东龙复原图

15 米。头骨长约 1.6 米，低而窄，外鼻孔大，呈长椭圆形，下颞孔前后向非常窄，额骨背面具有明显的凹陷，方骨直；下颌长，下颌齿列位于齿骨的中后部，有 60 ～ 63 个齿槽；荐部由 10 枚荐椎愈合而成，其中第七至

第十枚荐椎椎体腹面有腹沟；肱骨三角肌嵴特别突出，髂骨前突基部明显拱曲，股骨第四转子非常发育。

青岛龙

青岛龙是兰氏龙亚科已灭绝的一属。

青岛龙化石发现于中国山东莱阳金刚口西沟上白垩统王氏群的地层中。早在 20 世纪 20 年代初，中国地质学家谭锡畴和王恒升就先后在这一化石地点采得了一些标本。1950 年，山东大学王麟祥、关广岳和地质矿物系学生在该化石点和赵疃村附近采得 7 枚完整的脊椎、1 枚左乌喙骨、1 对胫骨和 1 枚左腓骨，并由中国古生物学家周明镇于 1951 年作了初步报道，后来这些标本收藏于长春东北地质勘探学院（今吉林大学）。1951 年，中国古生物学家杨钟健、刘东生和王存义等再次对该化石点进行发掘，获得了大量骨骼标本，并由杨钟健于 1958 年进行研究鉴定。除少量兽脚类骨骼和牙齿外，这些材料中的绝大多数均为鸭嘴龙类，其中 80% 以上被鉴定为棘鼻青岛龙，其他的被鉴定为金刚口谭氏龙。

棘鼻青岛龙由于其特殊的头骨解剖特征而受到广泛的关注。1991年，法国古生物学家 P. 塔丘特提出青岛龙头上的骨棒可能是鼻骨在保存过程中受挤压翘起而形成的假象。1993 年，法国古生物学家 E. 比弗托和佟海燕则发现棘鼻青岛龙头上翘起的骨棒不仅出现在正型标本上，而且在另一标本 V818

青岛龙骨架

中，右前额骨也像正型标本那样向上转折，额骨的前缘也强烈上翘，构成骨棒的基结。CT 扫描研究推断，该鼻骨骨棒是实心的，并指向前上方。

南方翼龙

南方翼龙是梳颌翼龙科已灭绝的一属。

南方翼龙由阿根廷古生物学家 J.F. 波拿巴命名于 1969 年。仅有模式种古氏南方翼龙，主要产自阿根廷巴塔哥尼亚下白垩统的地层中。这一化石地点仅发现南方翼龙这一种类型的翼龙，但已经发现了包括蛋化石、胚胎、幼年、亚成年、成年等不同个体发育阶段的南方翼龙个体。

通过骨组织学研究，学者认为南方翼龙出生 2 年后能够达到性成熟阶段，但是此时个体生长并没有停止，只是生长速度减慢，还要再经过 3 ～ 4 年的时间骨骼发育才会达到完全成熟，而此时的个体大小可以接近性成熟时期的 2 倍。

南方翼龙还是翼龙中牙齿最为特化的一个类型。它的上下颌的牙齿形态完全不同，下颌牙齿细而长，有近千枚，类似于现代海洋中的须鲸，能有效地进行滤食，而上颌的牙齿数量也很多，但是要短许多，可以在滤食过程中起到辅助作用，比如挤压出嘴中多余的水，或压碎捕获到的食物等。

夜翼龙

夜翼龙是无齿翼龙超科已灭绝的一属。

夜翼龙由美国古生物学家 O.C. 马什命名于 1876 年，其化石产自美国中西部上白垩统尼欧伯若拉组的地层中。多个种被归入了夜翼龙属中，但是其有效性还有待进一步研究，其中一个种具有翼龙中最为奇异的头脊。

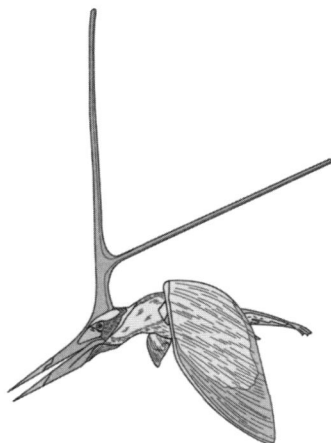

夜翼龙复原图

夜翼龙翼展约 2 米，体长接近 0.4 米，而它们的头脊就超过 0.5 米，比身体还要长。这种头脊始于头骨后部，向后上方延伸一小段之后会分叉形成两支，一支向后，另一支继续向后上方，这两支的长度都和体长相当。有研究者认为在头脊的两支之间存在皮膜，可以在飞行中起到一定的辅助作用，然而夜翼龙头脊的表面形态不同于附着皮膜的翼龙骨骼形态，同时空气动力学实验也证明了如此形状的头脊在飞行中并没有明显的作用，所以人们认为这样奇特的头脊最主要的功能还是用来炫耀和展示。

浙江翼龙

浙江翼龙是生活在白垩纪末期的神龙翼龙科已灭绝的一属。

浙江翼龙由中国古生物学研究者蔡正全和魏丰命名于 1994 年，最初被归入夜翼龙类。仅有模式种临海浙江翼龙，产自中国浙江临海上白垩统上盘组的地层中，标本收藏于浙江自然博物馆。

临海浙江翼龙是中国已发现的时代最晚的翼龙类型，同时也是中国唯一生活在晚白垩世的翼龙类型。浙江翼龙两翼展开长约 4 米，在翼龙中属于体形较大的类型，但是比神龙翼龙科的其他成员要小，只能算是中小型的神龙翼龙科成员。浙江翼龙是神龙翼龙科中化石保存最为完整的一个类型，是仅有的保存有后肢骨骼的神龙翼龙类。相比其他类型的翼龙，浙江翼龙的股骨更长，后肢骨骼也更加强壮，可能是其适应陆地生活的证据之一。

鸟　类

始祖鸟

始祖鸟是化石发现于德国巴伐利亚晚侏罗世（距今约 1.5 亿年）的索伦霍芬印板石灰岩中的已灭绝鸟类。

最早发现的始祖鸟化石为一根羽毛，此后相继发现了 10 件骨骼化石。历史上，这些始祖鸟化石在发现时被赋予了不同的名字，多数将其归入到印板始祖鸟和西门子氏始祖鸟两个种之中，但也有研究认为这些化石代表了不同的个体发育阶段，均属于印板始祖鸟种。始祖鸟具有恐龙和鸟类的镶嵌特征，因而被演化生物学家视为"缺失的环节"。始祖鸟的头骨保留了很多爬行动物的特征，包括上、下颌具齿，牙齿间具齿间板，具有未愈合的眶后骨和鳞骨。相比于鸟类，始祖鸟的头后骨骼和恐龙等爬行动物更为相似，如尾部具 21～23 枚尾椎；乌喙骨近方形且

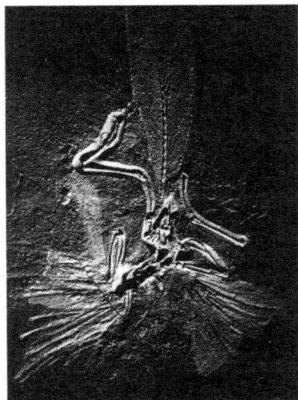

始祖鸟化石

上乌喙骨突不发育；胸骨未骨化；手指指节骨的指式为 2-3-4；脚趾不对握；前、后肢的长度近等长；骨骼的愈合程度低（如腕掌骨、胫跗骨和跗跖骨均不愈合）。

和现生鸟类相同，始祖鸟的颈椎和背椎具充气现象，可容纳颈气囊和腹气囊的分支。始祖鸟的翅膀已经具有了很多现代鸟类的特征，如初级和次级飞羽的羽毛具不对称的结构，羽轴粗壮并略弯曲，初级飞羽表面覆盖有覆羽。根据始祖鸟的骨骼和羽毛结构，研究者认为它仅具备初级的飞行能力或者仅能做短距离的滑翔。

热河鸟

热河鸟是热河鸟目热河鸟科中的一属，是除始祖鸟外最原始的已灭绝的鸟类。

热河鸟化石产自中国早白垩世热河生物群的义县组和九佛堂组的地层中（距今 1.25 亿～ 1.20 亿年）。与始祖鸟相同的是，热河鸟也保留了爬行类祖先的骨质长尾，而在其他中、新生代和现生鸟类中，尾椎的数目减少，最后几枚尾椎愈合形成尾综骨，供尾羽附着。2002 年 7 月，英国《自然》（Nature）杂志发表了中国古生物学家周忠和与张福成关于中国辽宁朝阳发现的一种十分原始的鸟类化石的研究论文，并将这种鸟命名为原始热河鸟，这是热河鸟科的模式种。在系统发育树上，热河鸟仅较始祖鸟进步，但比其他鸟类更加原始，为研究鸟类的早期演化提供了新的信息。

热河鸟的总体骨骼特征较始祖鸟进步，如肩臼关节面指向外侧（背侧方向），使得前肢在背侧—腹侧方向具有更大的转动范围，乌喙骨呈支柱状，胸骨骨化并具有一对外侧突起，这些肩带结构都证明热河鸟的飞行能力较始祖鸟更加进步。热河鸟具有能够对握的脚趾，骨骼愈合程度也高于始祖鸟，如具有愈合的腕掌骨、胫跗骨和跗跖骨。值得注意的是，热河鸟的尾骨中约含 27 枚尾椎，数目多于始祖鸟。热河鸟化石的另外一个重要意义是其体内保存了许多植物的种子化石，表明这是一类以植物种子为食的鸟类。

孔子鸟

孔子鸟是鸟纲孔子鸟目孔子鸟科中的一属，是已灭绝的白垩纪具喙鸟类。

现生的鸟类都没有牙齿，它们靠角质喙进行取食、防御等行为。但在中生代，大多数的鸟类还没有这一结构，就像它们的爬行动物祖先一样，嘴中仍然保留着牙齿。1995 年，中国古鸟类学者侯连海、周忠和等命名了一种发现于中国辽宁北票的原始鸟类——圣贤孔子鸟。这是世界上已知最早的具有角质喙的鸟类，化石产自义县组的下层岩层，属于距今大约 1.25 亿年的早白垩世。

孔子鸟比大多数中生代的鸟类都原始，翅膀上的利爪还相当发达。但与绝大多数的中生代早期鸟类不同的是，它的牙齿已经完全退化。孔子鸟的飞行能力比始祖鸟强，而且后肢也已经更适合于攀缘树木。此外，孔子鸟与始祖鸟显著不同的一个特征是其尾骨明显缩短形成了尾综骨，而始祖鸟还保留有 21 ～ 23 枚自由的尾椎。尽管具有角质喙这一和现生鸟类相同的特征，但孔子鸟是一类十分特化的鸟类，它和现生鸟类的起源没有直接的关系。

孔子鸟的另外一个特殊之处是从发现之初至今，已经发现了成百上千件的化石标本，而且化石保存精美。如此众多的化石标本和完整的保存，对于鸟类化石来说，在世界上是罕见的现象。大量个体的集中保存，一方面和集群死亡有关；另一方面，可能还表明孔子鸟具有集群生活的特点。

会　鸟

会鸟是鸟纲会鸟目会鸟科的一属，是已灭绝的白垩纪鸟类。

会鸟化石产自中国早白垩世热河生物群的义县组和九佛堂组地层中，距今 1.25 亿～ 1.20 亿年。会鸟的尾骨缩短，在末端具有一个尾综骨。最大的特征是前肢非常长，长度约为后肢的 1.5 倍，而在其他中生代鸟类中，前肢长度仅略微超过后肢。与孔子鸟相似，会鸟的肱骨三角肌脊上具有一个卵圆形的孔洞。这一结构可能有助于减轻体重来适应飞行，是在孔子鸟和会鸟平行演化中产生。会鸟的肩带结构较原始，胸骨没有骨化，乌喙骨和始祖鸟一样为近方形。会鸟的叉骨粗壮，具有叉骨突，从而呈 Y 形。一些会鸟化石在腹部保存有胃石，胃石在植食性鸟类和食谷鸟类中最为常见，主要存在于肌胃中，可以对食物进行研磨。2011年，周忠和等报道了保存有嗉囊的会鸟化石。嗉囊在食谷和食鱼的鸟类中最为发达，由食道在靠近中部或下部的位置发生膨大而形成，主要用于暂时储存和软化食物。这些化石的发现说明会鸟是一类以种子为食的鸟类，并且它的消化系统非常进步。

中国鸟

中国鸟是已灭绝的白垩纪小型反鸟类。

中国鸟化石产自中国早白垩世的九佛堂组地层中，距今约 1.2 亿年，由美国古生物学家 P.C. 塞里诺和中国古生物学家饶成刚命名于 1992 年。

中国鸟仅有一个种，即三塔中国鸟，化石标本也仅发现了一件，为一不完整的骨架，缺失头骨和胸骨等部分。三塔中国鸟与燕都华夏鸟的形态相似，关于二者是否为同物异名的问题，引起过较多的争议。通过对三塔中国鸟和燕都华夏鸟的详细比较，研究者认为二者在腕骨、手部、腰带等部分的骨骼差异明显，表明它们并非属于同一属种。

华夏鸟

华夏鸟是反鸟类华夏鸟科中的一属，是已灭绝的一类小型白垩纪鸟类。

华夏鸟化石产自中国早白垩世的九佛堂组，距今约 1.2 亿年。华夏鸟属的模式种是燕都华夏鸟，由中国古生物学家周忠和、金帆和张江永命名于 1992 年，也是热河生物群首次报道的鸟类化石。几乎在同一时间，芝加哥古生物学家 P.C. 塞里诺和中国古生物学家饶成刚报道了一种名为三塔中国鸟的反鸟类。此后，关于燕都华夏鸟和三塔中国鸟是否为同物异名的问题，引起了很多争议。一些和燕都华夏鸟大小相近的反鸟类也被归入了华夏鸟属，如有尾华夏鸟和查布华夏鸟。2016 年，中国古生物学家王敏和刘迪对华夏鸟类进行了系统的形态学对比研究，认为华夏鸟科仅包含 1 属 1 种，即燕都华夏鸟，它与三塔中国鸟在腕骨、手部、腰带等部位的骨骼差异明显，二者并非同物异名。

燕都华夏鸟的个体较小，其重要的鉴定特征包括：颧骨末端不分叉，胸骨的后外侧突具三角形的末端，并且外侧突的远端超过胸骨的剑状突，髂骨后翼微弱地向腹侧弯曲。

原羽鸟

原羽鸟是反鸟类中已灭绝的一属。

原羽鸟的化石产自中国河北四岔口盆地早白垩世的花吉营组地层中，距今约 1.3 亿年。模式种为丰宁原羽鸟，个体大小接近现生的灰椋鸟，是已知的最原始、最古老的反鸟类。

相比于其他反鸟类，原羽鸟较为原始的特征包括：胸骨后缘仅具有一对突起；肱骨的三角肌脊小；小翼指发达，特别是小翼指的第一指节骨延伸到了大掌骨的末端，而在其他反鸟类中，该指节骨都远未及大掌骨的末端；腓骨长度仅略微短于胫跗骨。虽然骨骼特征原始，原羽鸟却具有小翼羽这样进步的羽毛结构。小翼羽附着于小翼指，位于翼的前部，在鸟类起飞和降落时具有重要的空气动力学作用。小翼羽的存在说明原羽鸟已经具有较高的飞行能力了。

戈壁鸟

戈壁鸟是反鸟类中已绝灭的一属。

戈壁鸟的化石发现于蒙古国戈壁沙漠晚白垩世坎潘期的地层中，最早发现的是两个破碎的头骨，1971年由波兰－蒙古国古生物考察队发现。在发现之初，戈壁鸟被归入到了新鸟亚纲的古颚类中。1996年，俄罗斯古生物学家E.库洛克金将发现于戈壁沙漠南部的一个破碎的戈壁鸟头骨错误地定名为一个新属种——侏儒鸟。此后，研究者们又发现了更多戈壁鸟的化石，特别是1994年美国自然历史博物馆－蒙古国科学院联合考察队发现了一个保存较好的戈壁鸟头骨化石。通过对这些材料进行详细的形态学研究，戈壁鸟被归入了反鸟类之中。虽然戈壁鸟的头后骨骼保存不多，但是它的头骨为立体保存，因此提供了很多有关原始鸟类头骨的形态信息。戈壁鸟的另一个重要意义在于，它是已知的唯一一类完全失去牙齿的反鸟类。

巴塔哥尼亚鸟

巴塔哥尼亚鸟是今鸟型类的一属。已灭绝的白垩纪的失去飞行能力的大型鸟类。

巴塔哥尼亚鸟的化石仅发现于阿根廷内乌肯省巴塔哥尼亚市西北邻的晚白垩世坎潘期的地层中。巴塔哥尼亚鸟高约50厘米，体形大小接近家鸡，是一类次生失去飞行能力的鸟类。研究者推测巴塔哥尼亚鸟不具有飞行能力的主要依据是其前肢短于后肢，且肱骨的长度超过尺骨和桡骨，而这些特征都与会飞的鸟类截然相反，与现生的不飞鸟类相似。

巴塔哥尼亚鸟的腕掌骨小，胸骨前缘的左、右乌喙骨关节面间距大，没有叉骨和胸骨龙骨突。它的后肢粗壮，并且发育有明显供肌肉附着的结构，说明它只能生活在地面，后肢是它主要的运动器官。然而，巴塔哥尼亚鸟可能不具备快速奔跑的能力，因为能够快速奔跑的现生不飞鸟类往往脚趾高度特化，表现为脚趾数目减少且变小，从而有效减少脚与地面接触的面积，但是这些特征在巴塔哥尼亚鸟身上并不存在。

古喙鸟

古喙鸟是白垩纪今鸟型类中已绝灭的一属。

古喙鸟的模式种是匙吻古喙鸟，化石产自中国早白垩世热河生物群的义县组和九佛堂组地层中。系统发育分析的研究结果表明，古喙鸟是一类最原始的今鸟型类，上、下颌无齿，是已发现的唯一完全失去牙齿的早白垩世今鸟型类。齿骨形似匙形，这也正是它种名的来源。乌喙骨的外边缘明显长于内边缘；胸骨后缘具有 2 对突起；前肢长度明显超过后肢。已发现的古喙鸟标本包括幼年和成年个体，显示出其跗跖骨仅在近端愈合，而远端不愈合，这与反鸟类、孔子鸟和会鸟相似，表明在今鸟型类演化之初，跗跖骨的愈合仅发生在近端，而近端和远端完全愈合的跗跖骨是在今鸟型类演化后期才出现的。

古喙鸟成年个体的骨壁由平行纤维骨构成，并具有多条生长停滞线，反映了一种慢速且不连续的生长模式，表明古喙鸟需要若干年的时间才能达到成年。这与反鸟类、始祖鸟和热河鸟的生长模式相同。然而，晚白垩世一些更为进步的今鸟型类已经能够像现生鸟类那样，实现快速而连续的生长，在不到一年的时间内就达到成年。这表明在今鸟型类和反鸟类共同演化的 6500 万年历史中，今鸟型类由缓慢且多次间断的生长模式演化出了快速而连续的模式。

古喙鸟的腹部保存有胃石，说明它以植物为食，而它的脚趾的趾节长度由近端向远端变短，与现生的地栖鸟类相似。

燕　鸟

燕鸟是白垩纪今鸟型类中已灭绝的一属。

燕鸟的化石产自中国早白垩世热河生物群的九佛堂组（距今约 1.2 亿年）。

该属仅包含 1 个种，即马氏燕鸟。主要特征包括：上、下颌布满牙齿，牙齿数目多达 20 枚左右，齿骨直，齿骨长度约占头骨长度的 2/3；愈合荐椎由 9 枚荐椎愈合而成；胸骨后缘具有一对开孔；跗跖骨完全愈合；脚趾的近端趾节骨长度大于远端趾节骨。燕鸟主要以鱼类为食，部分化石甚至还提供了有关燕鸟消化系统的信息。一些燕鸟化石在嗉囊里保存有鱼类骨骼的残骸，说明其可能会像一些现生鸟类那样，当胃中充满食物时，能够将多余的食物暂时储存在嗉囊中，留作以后食用，从而满足飞行时巨大的能量需求。与此同时，一些燕鸟化石在食道里保存有鱼类骨骼，且这些鱼类骨骼之间仍保持相互关节，说明燕鸟是将食物直接吞入，而并不借助牙齿进行咀嚼，所以牙齿只是用于捕获猎物。

甘肃鸟

甘肃鸟是已灭绝的今鸟型类中的一属。

甘肃鸟生活在距今约 1.2 亿年的早白垩世。甘肃鸟的模式种是玉门甘肃鸟，化石全部发现于中国甘肃昌马盆地的下沟组地层中，最早报道于 1984 年，是中国最早命名的中生代鸟类。

　　相比于生活在同时代的其他早白垩世今鸟型类，甘肃鸟最为进步，主要特征包括：胸骨的前缘具一对前外侧突，后缘外侧突的末端向内弯曲，胸骨的后面具一对孔，龙骨突发达；乌喙骨远端的外侧突呈钩状；胫跗骨长，并具胫外脊和胫前脊，胫外脊和胫前脊向近端的凸出程度超过胫跗骨的近端关节面；跗跖骨第二跖骨滑车的位置高，并且相对于第三跖骨向腹侧偏转；第四趾骨的长度超过其他趾骨，趾骨的爪节具显著发育的屈肌结节。

　　甘肃鸟的骨骼形态显示它生活在滨湖环境中，特别是一些甘肃鸟化石的脚趾周围还保存有皮肤的印痕，说明其具有类似一些现生涉禽的脚蹼。

黄昏鸟

　　黄昏鸟是鸟纲今鸟类黄昏鸟目的一属，是已灭绝的具有牙齿的晚白垩世鸟类。

　　黄昏鸟生活于晚白垩世晚期（距今 0.83 亿～ 0.78 亿年）。黄昏鸟没有飞行能力，生活在海洋中，骨骼形态发生了巨大的变化以适应水中的生活，包括：骨壁加厚，前肢短小，胸骨扁平无龙骨突，股骨和跗跖骨短，而胫跗骨长，后肢能够完全伸向身体的后侧，脚尤其大，脚趾间通过脚蹼相连，能够像鸊鷉那样通过脚的划动进行潜水和游泳。

　　已发现的黄昏鸟目有 4 科 13 属 29 种，但其中部分属种的有效性存有争议。黄昏鸟的化石分布于北半球，主要集中在北美的海相地层中，但也有少量化石分布在欧亚大陆。加拿大晚白垩世的陆相沉积地层中曾发现有黄昏鸟的化石，北纬69°加拿大境内还发现过黄昏鸟的幼体化石，这打破了黄昏鸟化石仅限于海相沉积地层中的传统观念。有人推测黄昏鸟可能营群居生活，在海域、海岛或近海地区活动，而在筑巢、孵化期集群北移。

鱼　鸟

鱼鸟是鸟纲今鸟类鱼鸟目的一属，是已灭绝的具有牙齿的中生代鸟类。

鱼鸟的化石主要发现于北美晚白垩世的海相地层中，距今0.95亿～0.83亿年。最初由美国地质学家B.F.马奇发现于美国堪萨斯州的白垩质石灰岩中，但缺少头骨，仅发现了部分下颌骨和一些椎体。随后，马奇将标本寄给了美国古生物学家O.C.马什进行研究。1972年，马什将包括椎体等在内的骨骼定名为鱼鸟，将下颌定名为 *Colonosaurus*，认为它是一种小型爬行动物。不久，他又认为下颌也应属鱼鸟。

鱼鸟的大小接近鸽子，最重要的特征有：椎体双凹型，牙齿仅分布在上、下颌的中段，但在靠近嘴尖的位置没有牙齿。鱼鸟的肩带和现生鸟类相似，胸骨具有发达的龙骨突，尺骨具有供次级飞羽附着的突起，这些骨骼特征都说明鱼鸟具有较强的飞行能力。鱼鸟在有关鸟类的演化研究中具有非常重要的意义，因为它是最早被发现的中生代鸟类之一，也是第一个被发现长有牙齿的鸟类。在系统发育树上，多数的研究结果显示鱼鸟是与新鸟亚纲（即所有的现生鸟类及其最近共同祖先所组成的类群）关系最近的外类群之一。

不飞鸟

不飞鸟是一种发现于北美古新世地层中的已灭绝的新生代大型鸟类。

不飞鸟化石由美国古生物学家 E.D. 科普于 1876 年在北美洲首次发现，当时被认为是一种已经绝灭了的大型地栖鸟类，将其定名为巨大不飞鸟。然而，随后很多学者认为不飞鸟与欧洲发现的加斯顿鸟为同一个属，而加斯顿鸟是由法国考古学家 G. 普兰特命名于 1855 年。因此，不飞鸟的属名被视为无效命名，而巨大不飞鸟则被归入加斯顿鸟属中。

中原鸟

中原鸟是一种发现于中国早始新世的已灭绝的大型鸟类。

中原鸟的化石仅发现了一件，且只保存了左侧胫跗骨的远端。1980 年，中国古动物研究者侯连海据此将其定名为淅川中原鸟。2013 年，法国古生物学家 E. 比弗托认为中原鸟与加斯顿鸟的差异微小，提出中原鸟的属名无效，而将淅川中原鸟视为加斯顿鸟属的一个种，改名为淅川加斯顿鸟。

加斯顿鸟

加斯顿鸟是新鸟亚纲加斯顿鸟科的一属。又称戈氏鸟。一类已灭绝的大型不能飞的鸟类。

加斯顿鸟主要生活在古新世和始新世。体形巨大，最大的高可达 2 米。它的后肢强壮，前肢明显退化，说明它已经完全失去了飞行能力。它的喙粗壮而强烈钩曲，关于其食性问题仍存有争论。曾被认为能够主动捕食，抑或伏击小型哺乳动物。但是对其足迹的研究发现，它没有强烈弯曲的脚爪，因此捕食的生活习性可能性较小。对其骨骼同位素的研究结果则显示，加斯顿鸟的食物中不含有肉类。更多学者认为加斯顿鸟为植食性，利用其粗壮的嘴巴来粉碎像坚果和种子这样质地坚硬的食物。

恐怖鸟

恐怖鸟是新鸟亚纲叫鹤目恐怖鸟科已灭绝的一属，是一类大型的不能飞的肉食性鸟类。

恐怖鸟生活在距今 6200 万～ 200 万年的南美洲，体形巨大，身高 1 ～ 3 米，善于奔跑。脖子虽短，但却很灵活，使得头骨能够迅速地转动。脚爪也十分锋利。这些都表明恐怖鸟在当时属于顶级的捕食者。关于恐怖鸟绝灭的原因尚未有定论，可能的原因包括其他肉食性动物的竞争，以及环境的改变等。

恐　鸟

恐鸟是新鸟亚纲古颚超目恐鸟目恐鸟科的一属，是一类巨大的已灭绝的不能飞的鸟类。

恐鸟仅分布在新西兰，羽毛为红棕色，脖子很长，前肢退化，胸骨不具龙骨突，后肢粗壮，是典型的地栖型且失去飞行能力的鸟类。恐鸟有可能是史上出现过的最大的鸟类，其雌性个体的身高可达 3.6 米，最大的个体体重可达 278 千克。恐鸟的雌、雄个体大小差异显著，雌性要比雄性重 1.8 倍左右。在人类入侵以前，恐鸟的种群数量在新西兰相当稳定，并且已维持了 4 万余年，但由于波利尼西亚人的严重捕杀，最终在 1500 年前全部灭绝。

临夏鸵鸟

临夏鸵鸟是一种已灭绝的鸵鸟。

临夏鸵鸟生活在中新世晚期的中国甘肃临夏。正模标本仅包括不完整的腰带和愈合荐椎。临夏鸵鸟的个体稍大于现生的鸵鸟，主要区别于现生鸵鸟的特征包括：髂骨髋臼前部具有大而宽的凹陷，髂骨最高点的位置更远离髋臼，髂骨的坐骨柄与耻骨柄被一凹槽分割开。临夏鸵鸟的发现大大提前了中国鸵鸟的化石记录。

哺乳类

隐王兽

隐王兽是已知最早的哺乳型动物。已灭绝。

隐王兽的属名 *“Adelobasileus”* 源于希腊语，由 “Adelo-”（昏暗的、隐藏的、不清楚的）和 “basileus”（王）组成。

隐王兽化石发现于美国得克萨斯州的晚三叠世地层中，距今大约 2.3 亿年。化石首次报道于 1990 年。标本仅为头骨的后半部，岩骨岬明显，圆窗与颈静脉孔分离，枕髁大，鳞骨的脑腔部分很大。隐王兽的分类位置仍有争议，有人认为它属于进步的犬齿兽类。

蜀兽

蜀兽是生活于侏罗纪的一种已灭绝哺乳动物。

蜀兽因化石产地所在中国四川省（古称"蜀"）而得名。蜀兽化石最早发现于四川省南江县赶场石龙寨上侏罗统上沙溪庙组，后又在英国牛津郡中侏罗统 Forest Marble 组中发现。

蜀兽最显著的特点就是，它的下臼齿上类似于下跟座的结构位于下三角座之前，与具有磨楔式（tribosphenic）结构的下臼齿相反；而它的上臼齿则具有与磨楔式上臼齿的原尖类似的舌侧齿尖。最初的研究者中国古脊椎动物学家周明镇和澳大利亚古生物学家 T.H.V. 里奇于 1982 年认为蜀兽的臼齿具有与磨楔式牙齿类似的切割和研磨的双重功能，因其咬合关系与磨楔式牙齿不同，而将其命名为假磨楔式（pseudo tribosphenic）。他们还根据其下臼齿类似下跟座的结构与其他哺乳动物位置相反，提出了更高级的分类单元——阴兽类。

有关蜀兽的系统位置仍存在争议。周明镇和里奇认为以蜀兽为代表的阴兽类，是包含对齿兽类和现生兽类的共同祖先及全部后裔的阳兽类的姐妹群。另一种观点基于下颌和牙齿特征分析认为，阴兽类是除对齿兽类之外的阳兽类其他类群的姐妹群。蜀兽类还被认为是南磨楔兽类的姐妹群。

巨颅兽

巨颅兽是原始的已灭绝哺乳型动物（传统意义上的哺乳动物）。

巨颅兽的名称"*Hadrocodium*"取自希腊语"hadros"（巨大的）

和拉丁语"codium"（头），用以指代其增大的脑腔。

巨颅兽化石发现于中国云南省禄丰县（今禄丰市）的早侏罗世地层中，是中国已知早期哺乳型动物之一，距今大约 1.95 亿年。

巨颅兽上齿列具有 5 颗门齿、1 颗犬齿、2 颗前臼齿和 2 颗臼齿，

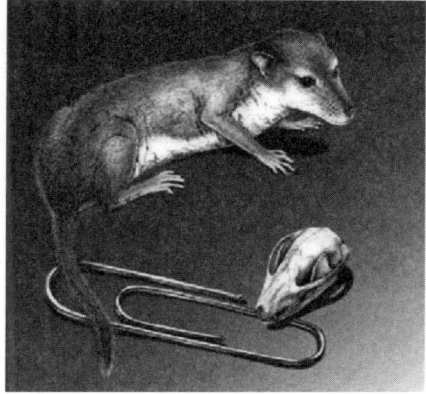

巨颅兽复原图

下齿列有 4 颗门齿、1 颗犬齿、2 颗前臼齿和 2 颗臼齿。臼齿齿冠侧扁，3 个主尖和 2 个附尖前后排列。下臼齿的主尖咬合时位于相对的上臼齿的斗隙（embrasure）中。脑腔相对较大。人们曾认为该动物的下颌内侧没有齿骨后骨槽（postdentary trough），因此具有真正的哺乳动物的中耳结构和听小骨。后来，有资料显示巨颅兽很可能具有齿骨后骨槽，从而降低了听小骨与下颌分离的可能性。巨颅兽头骨长约 12 毫米，估计体重仅有 2 克，是最小的中生代哺乳型动物，主要以昆虫为食。

中国尖齿兽

中国尖齿兽是中国特有的一类已灭绝的中生代早期哺乳动物。

中国尖齿兽化石产自云南禄丰盆地下禄丰组深红层。1961 年，美国古生物学家 B. 帕特森和 E.C. 奥尔森最初研究时，根据具 3 个主要齿尖的颊齿，将它归入三尖齿类原始哺乳动物。具有许多原始的特征。颊齿尚未分化为前臼齿和臼齿，上下齿之间也无准确的咬合关系，颌关节

仍位于齿系水平线以下。脑颅结构也多有与犬齿兽类爬行动物相似之处。但中国尖齿兽具有相当发育的哺乳动物型颌关节。齿骨末端的关节突已十分强大，坐落在鳞骨的关节窝内。爬行动物型颌关节，即关节骨与方骨这一组关节则极度退化。

对于中国尖齿兽的系统位置颇有争议。1986 年，A.W. 克朗普顿将它归入哺乳动物，并认为它与其他所有哺乳动物为姐妹群。

摩根齿兽

摩根齿兽是已灭绝的早期哺乳型动物之一。

摩根齿兽由德国古生物学家 W.G. 孔耐命名于 1949 年。名称"*Morganucodon*"源于属型种的模式标本的发现地——威尔士的南格拉摩根（South Glamorgan）。在《末日审判书》（*Domesday Book*）中，"Morganuc"等同于"South Glamorgan"，属名意为"南格拉摩根的牙齿"。

摩根齿兽的化石发现于欧洲、亚洲和北美的晚三叠世至早侏罗世地层中（距今 2.05 亿～ 1.95 亿年）。中国有两种摩根齿兽：欧氏摩根齿兽和黑果蓬摩根齿兽，均发现于中国云南省禄丰县（今禄丰市）早侏罗世的下禄丰组中。

摩根齿兽最主要的特征包括：门齿、犬齿、前臼齿均为两出齿（只替换 1 次），上、下臼齿有一一对应的咬合关系，臼齿有前后排列的 3 个主尖，且具有齿带，齿骨内侧具有齿骨后骨槽（postdentary trough），外侧咬肌窝不太发育。摩根齿兽个体小，推测其以昆虫或其他小动物为食，且为夜行性动物。

巨带兽

巨带兽是已经绝灭的一类哺乳型动物。巨带兽的属名"*Megazostrodon*"源于希腊语，意思是其上臼齿具有大而发育的外齿带。

巨带兽化石发现于南非早侏罗世的地层中，距今大约 2 亿年。

巨带兽的主要特征包括：角突退化，第一上臼齿大于最后一枚臼齿；上臼齿外齿带发育，可分为前后两部分。巨带兽是小型中生代哺乳动物，体长 10 ～ 12 厘米，很可能以昆虫和小型蜥蜴为食。根据相关信息，巨带兽是夜行性动物，这样可以避免与爬行动物直接竞争或者被恐龙捕食。

孔耐兽

孔耐兽是已灭绝的早期哺乳动物之一。

孔耐兽以德国古生物学家 W.G. 孔耐教授的名字命名，表示命名者对其在早期哺乳动物研究方面贡献的敬意。

孔耐兽化石发现于欧洲的晚三叠世至早侏罗世地层中，大小相当于现生的鼩鼱，体重大约 5 克。主要特征包括：有 6 颗下前臼齿和 6 颗下臼齿；与摩根齿兽和三尖齿兽类不同，孔耐兽上、下臼齿的 3 个主要齿尖排列成钝角三角形，顶点指向相反（上内下外，被称为倒转三角形）；顶点夹角从前往后逐渐变小；相邻的臼齿间形成"锁扣"（interlock）结构；齿骨内侧保留有齿骨后骨槽（postdentary trough）。孔耐兽臼齿齿尖成倒转三角形排列的结构被认为是牙齿形态从三尖齿兽类向后期更进步的兽类演化的中间环节。因此，研究孔耐兽臼齿齿尖三角形排列的形成和发展对于认识三尖齿兽类和兽类臼齿之间的转变会起到关键作用。齿骨后骨槽的存在表明它的齿骨后骨还比较发育，没有完成向听觉器官的转变。

　　虽然已经发现的孔耐兽化石材料很多，但都是单颗牙齿、不完整齿列和下颌骨残段。依据这样的材料，很难确定其可靠完整的形态特征，对其在哺乳动物中的系统位置确定也带来了影响。比较普遍接受的观点是，孔耐兽是最早且最原始的全兽类（holotherians）成员。全兽类由臼齿主要齿尖排列成三角形的所有哺乳动物构成，有胎盘类和有袋类都属于这个类群。孔耐兽的牙齿结构适合切割较软的食物，不能碾压较硬的食物，推测其主要以身体较软的昆虫为食。

张和兽

　　张和兽是已灭绝的体形中等大小的对齿兽类。

　　张和兽的属名"*Zhangheotherium*"是研究者以张和的名字命名，以感谢他将标本捐献给中国科学院古脊椎动物与古人类研究所。

　　张和兽化石发现于中国辽宁省北票市上园镇，时代是距今约 1.25 亿年的早白垩世。模式种的正模标本是世界上第一件对齿兽类骨架标本，也是中国发现的第一件中生代哺乳动物骨架标本。因此，张和兽的发现与研究对于认识对齿兽类及早期哺乳动物的形态特征及演化，都具有重要的意义。

　　张和兽的主要形态特征包括：上牙有 3 对门齿、1 对犬齿、2 对前臼齿和 5 对臼齿，下牙有 3 对门齿、1 对犬齿、2 对前臼齿和 6 对

五尖张和兽标本

臼齿。主尖锥形、圆钝，齿脊不发育。上臼齿外中凹极浅，无内齿带。下臼齿无内、外齿带。胸骨节（sternebra）愈合，剑突（xiphoid process）后端扩大。有背椎13枚、腰椎6枚、荐椎4枚。

张和兽不具备抓握或对握的能力，也没有典型的树栖特征，应该以地面活动为主。其四肢骨骼的形态特征显示其运动姿态为外展趴卧形。像多数原始哺乳动物一样，张和兽也主要是食虫性动物。

张和兽复原图

中国俊兽

中国俊兽是已灭绝的哺乳纲多瘤齿兽目始俊兽科的一属。

中国俊兽的属名"Sinobaatar"由拉丁语"Sino-"（意为中国）和蒙古语"baatar"（意为英雄、俊杰，被用作许多多瘤齿兽类属名的词尾）组合而成，取其发现于中国之意。中国俊兽化石发现于中国辽宁省西部的早白垩世地层中。

中国俊兽复原图

中国俊兽个体较小，头骨狭窄，形态原始，无眶上脊和眶后突。下颌骨水平支粗壮，上升支细弱，关节突短粗。具有3颗上门齿、1颗下门齿，没有犬齿，5颗上前臼齿、3颗下前臼齿，上、下臼齿各2颗。

与更晚的多瘤齿兽类相比，中国俊兽的下门齿虽然增大，但相对较纤细，基部增大不显著。最后一颗下前臼齿呈刀片状，具有 8～12 个锯齿和 1 个后颊侧齿尖。下臼齿齿冠不对称，齿尖并生，舌侧比颊侧短。中国俊兽的牙齿形态明显介于晚侏罗世和晚白垩世多瘤齿兽类之间。

许多多瘤齿兽类仅保存了牙齿，但中国俊兽模式种正模标本保存了较好的头后骨骼，其特征与时代更晚的多瘤齿兽类在形态上基本一致，可能代表了多瘤齿兽类的原始形态。中国俊兽胫骨髁大，胫骨—距骨关节、跟骨—距骨关节不对称且活动范围大，与北美古近纪的羽齿兽比较相似，显示中国俊兽可能像羽齿兽一样偏向于树栖生活。

热河兽

热河兽是真三尖齿兽目的一属。已灭绝的小型中生代哺乳动物。

热河兽的属名 "*Jeholodens*" 源于化石产地所在地区——原中国热河省（1955 年撤销，辖区分布在今内蒙古自治区、河北省、辽宁省等地）。

热河兽化石发现于现辽宁省北票四合屯，时代为早白垩世，距今约 1.25 亿年。

模式种正型标本全长仅约 15 厘米。上下各有 4 颗门齿、1 颗犬齿和 2 颗前臼齿，还有 3 颗上臼齿、4 颗下臼齿。臼齿侧扁，3 个主尖呈前后直线排列，门齿匙状，明显区别于其他的三尖齿兽类。

热河兽侧扁的臼齿及其咬合特征表明其主要以昆虫为食。头后骨骼显示了明显的镶嵌进化特征：前肢形态比较进步，肩胛骨和其他肩带成分以及肱骨可以与进步的兽类相比较，但其脊柱、腰带和后肢却十分原始。肩胛骨、锁骨的关节是灵巧活动的，锁骨、间锁骨关节也有某种程度的活动性，与现代兽类哺乳动物的情况相像。前肢与许多兽类那样几乎可以直立，而不似现生的单孔类和爬行类那样呈匍匐状。与进步的肩带和前肢相反，腰带、后肢和后足具有很多原始的特性，甚至比单孔类的还要原始。

热河兽是小型地栖型动物，虽然具有在不平坦地面上攀爬的能力，但不是树栖型动物。

翔　兽

翔兽是已灭绝的小型中生代哺乳动物。

翔兽的属名"*Volaticotherium*"源于拉丁语和希腊语的组合，意为有翅膀、会飞的兽类。由于翔兽特殊的形态特征，古生物学家专门为其创建了一个新的分类单元——翔兽目。

翔兽化石发现于中国内蒙古宁城道虎沟，时代为晚侏罗世，距今大约 1.6 亿年。

翔兽有 3 颗上门齿、2 颗下门齿，上下各有 1 颗犬齿和 4 颗前臼齿以及 3 颗上臼齿和 2 颗下臼齿。臼齿齿尖高而后倾。下颌角突位置靠后。最显著的特点是四肢之间具有宽大的翼膜，翼膜上覆有毛发；同时，四肢的比例较长，显示翔兽可以在树木之间滑翔。这是第一次

远古翔兽复原图

发现中生代滑翔哺乳动物，也是已知早期滑翔哺乳动物之一。翔兽体长12～14厘米，体重只有 70 克左右，靠捕食小昆虫为生。

久齿鸭嘴兽

久齿鸭嘴兽是已经绝灭的鸭嘴兽类。名称"*Obdurodon*"源于拉丁语，意为"持久的牙齿"。

久齿鸭嘴兽化石发现于澳大利亚晚渐新世至中新世地层中，已经命名的共有 3 种，分别为 *Obdurodon insignis*、*Obdurodon dicksoni* 和塔拉科久齿鸭嘴兽。

久齿鸭嘴兽与现生鸭嘴兽的最显著的区别在于：成年久齿鸭嘴兽仍然保留着臼齿，而现生鸭嘴兽一旦成年，就会失去全部牙齿。这意味着在鸭嘴兽类演化历史中，有很长时间成年鸭嘴兽是有牙齿的。从个体发育的角度看，这些化石鸭嘴兽类的牙齿比现生鸭嘴兽类保持了更长的时间。

中国袋兽

中国袋兽是哺乳纲兽亚纲后兽下纲已灭绝的一属。其目和科的位置都不确定。

中国袋兽仅包括一种，即沙氏中国袋兽。沙氏中国袋兽的模式标本是一个压扁的、保存有软组织印痕的骨架化石，发现于中国辽宁省凌源大王杖子早白垩世义县组地层，距今约 1.25 亿年，是截至 2020 年已知最早的后兽类动物。

中国袋兽具有一些独有的特征组合：其上颌具有 4 颗上门齿，下颌具有 4 颗下门齿，上颌犬齿之后有 4 颗前臼齿、1 颗乳前臼齿和 3 颗臼齿，下颌犬齿之后具有 4 颗前臼齿和 3 颗臼齿，成年个体下颌不具有乳前臼齿。这样的牙齿齿式与其他后兽类既有相似之处，又有明显不同，与同时代或更早的真兽类相比也有很大差异。从牙齿形态的细节来看，中国袋兽的门齿形态与其他后兽非常相似。其下臼齿的下内尖和下次小尖相互靠近，但不呈孪生状排列，这样的特征与一些白垩纪的亚洲后兽类和北美洲后兽类相似。

中国袋兽的下颌角的内折程度较弱，与其他后兽类完全内折的下颌角不同，属于相当原始的特征。中国袋兽的头后骨骼也显示出后兽类的典型特征，比如，其肩胛骨冈上窝较大且凹，腕骨中的钩状骨、舟骨和三角骨增大，足舟骨较为宽大，足舟骨的关节面延伸到距骨头和距骨颈的外侧。

系统分析表明，中国袋兽处于后兽类最基干的位置，比三角齿兽和有袋类更为原始。中国袋兽约有小鼠一样大小，体重 25 ~ 40 克，其头后骨骼的特征显示它是非常灵活、善于攀爬、有一定抓握能力、活动于地面和灌丛的小型动物。中国袋兽的发现表明，亚洲可能是后兽类早期辐射演化的一个中心。

爪蝠

爪蝠是翼手目爪蝠科已灭绝的一属。

爪蝠仅包括模式种芬尼爪蝠一种。爪蝠化石发现于美国怀俄明州早始新世晚期绿河组地层，距今约 5250 万年，与食指伊卡勒斯蝠出自同一层位。爪蝠远比伊卡勒斯蝠稀少，仅发现模式标本一件标本，是一个从中间劈开的、保存在两块石板上的近乎完整的个体。爪蝠是中等大小的蝙蝠，比伊卡勒斯蝠和其他始新世的蝙蝠都大，形态比其他各种蝙蝠化石都更为原始，系统分析表明爪蝠处在翼手类最基干的位置。爪蝠的形态表明，翼手类扑翅和回声定位的能力是渐进式演化的。

爪蝠的躯干有 7 枚颈椎、12 枚胸椎、7 枚腰椎、12～13 枚尾椎。胸骨柄的腹面发育有龙骨突。肋骨和椎体都不愈合。翼的发育与其他蝙蝠相似，肱骨大结节延伸到与肱骨头平齐的位置。每个翼指有 3 个骨化的指节，末端指节都具有爪，这是相对原始的特征，与其他翼手类明显不同，也是爪蝠名字的来源。第一至第三指的爪很大，第四、第五的较小。翼相对短而宽，四肢比例介于蝙蝠和其他动物之间，尺骨和桡骨增长不明显。骨盆的髋臼向外翻转。足的第一趾短于其他趾，而现代蝙蝠的五趾近等长。足的后内侧有支持翼膜的距。爪蝠的耳蜗相对较小，明显小于可以回声定位的蝙蝠，与不能回声定位的蝙蝠相当。爪蝠的舌骨茎突的近端，没有扩大的桨状结构，3 块听小骨中的锤骨没有增大的球状隆起，在有回声定位能力的蝙蝠中，舌骨茎突具有桨状近端，锤骨有球状隆起。这些特征都表明，爪蝠可能不具备回声定位能力。另外一项研究却发现，在具有回声定位能力的蝙蝠中，舌骨茎突近端都与鼓骨相关节并可能与之愈合，这样的特征也存在于爪蝠中，因此推测爪蝠可能也具有回声定位能力。从翅膀的形状来看，爪蝠的飞行可能是波浪式的振翅加滑行，这种方式可能是翼手类原始的飞翔方式。

雕齿兽

雕齿兽是体表被甲的大型贫齿类已灭绝动物，与犰狳有亲缘关系。

雕齿兽生活于更新世时期，其体长 3.3 米，高 1.5 米，体重可达 2 吨。雕齿兽具有圆形的骨质硬壳和粗短的四肢，其保护性的外壳由皮肤骨化形成，包含 1000 多块 2.5 厘米厚的骨板，头骨顶部也有骨质的盖板。它从表面上看像一只龟，由此提供了无亲缘关系类群发生趋同进化形成相似形态的典型案例。

雕齿兽起源于南美洲，其化石发现于巴西、乌拉圭和阿根廷。由于巴拿马地峡的连通，雕齿兽也扩散到了危地马拉。

雕齿兽牙齿侧面的深沟仿佛是雕刻出的凹槽，这就是其名称的来源。这种牙齿的研磨能力强，使食物颗粒通过下颌骨的连续运动被嚼碎，满足其进食需求。其颈椎愈合，头骨的颊部有一个明显的骨棒向下突出，延伸到下颌外侧，限制了侧向的咀嚼动作。它有发育良好的口鼻部肌肉，与活动的颈部配合，帮助其获取食物。雕齿兽是植食性动物，其食物是双子叶植物的树叶和单子叶植物的草类，但对能量的需求低于大多数哺乳动物，比相同体重的食草动物所需的摄入量低。它的生活环境为温暖湿润的森林以及开阔寒冷的草原，在靠近河湖等水源地的区域觅食。

雕齿兽具有种内争斗习性，其尾部被认为是非常灵活的，并具有最大直径可达 1 米的骨板环，成为争斗的武器。尽管雕齿兽的尾巴可以用来防卫捕食者，但主要还是在种内的雄性间争斗中使用，在化石中发现过表面被打坏的外壳。

地 懒

地懒是哺乳纲贫齿总目中一类已灭绝的成员。

地懒的名字与树懒相对，但并非所有的地懒都生活在地面上。已发现的地懒超过 80 属，被划分在不同的科中。地懒在美洲大陆消失于 1 万年前，其最后代表在安的列斯群岛上一直残存到公元前 1550 年。最早于早渐新世的 3500 万年前出现于巴塔哥尼亚，在南美洲大陆进化，然后通过巴拿马地峡的连通扩散到了北美大陆，甚至发现于阿拉斯加和育空地区。

地懒早期类型较小，并有部分时间生活于树上，但随着地质时间推进，其体形不断增大，运动速度变慢，常常在开阔地带觅食，以树叶、硬草、灌木和丝兰为食。大地懒的体重超过 5 吨，体长达 6 米，站立起来高 5.2 米；厚重的骨骼和更厚重的关节，尤其是后腿，使其附肢具有强大的力量，与其巨大的体形和可怕的爪子相结合，便获得了对抗捕猎者的有效防御能力。

鬣齿兽

鬣齿兽是肉齿目已灭绝的一科。

鬣齿兽种类繁多，大约有 50 属，其化石发现于北美始新世—渐新世，以及欧亚大陆和非洲的始新世—中新世地层。

鬣齿兽通常分为 4 个亚科：原灵猫亚科、鬣齿兽亚科、翼齿兽亚科和湖犬兽亚科。前 3 个亚科的鬣齿兽通常具有长而窄的头骨，浅的下颌；有 3 颗臼齿，裂齿主要是由 M2/m3 组成。但湖犬兽亚科具有短而宽的

头骨，M3 极度退化或消失，裂齿
主要位于 M1/m2，这些特征反而和
牛鬣兽更接近。但牙齿其他的一些
特征和头后骨骼上的特点，显示出
湖犬兽亚科应该和原灵猫亚科的关

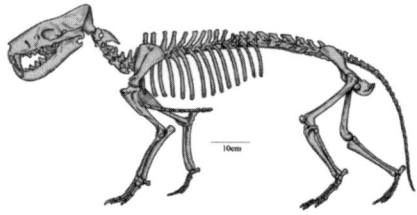

鬣齿兽骨架

系更接近。与牛鬣兽相比，鬣齿兽具有长而纤细的四肢、更加侧扁但仍
然分叉的第三趾节骨。许多早期的鬣齿兽的头后骨骼兼具攀缘和地栖的
特征，说明树林和陆地都是其主要的生境。早中新世的伟鬣兽是大型肉
食哺乳动物之一，头骨有 66 厘米长，体重约 600 千克。

　　最早的鬣齿兽是发现于非洲摩洛哥晚古新世的食肉兽和
Tinerhodon，支持了鬣齿兽起源于非洲的观点。虽然在中国晚古新世的
地层中出现原湖犬兽，但属于更进步的湖犬兽亚科，所以并没有提供鬣
齿兽起源于亚洲的直接证据，但说明了鬣齿兽的早期辐射来自原灵猫亚
科。早期鬣齿目从非洲经古特提斯洋迁移到亚洲，之后在最早始新世迅
速辐射到欧亚大陆其他地区；在古近纪较晚时期，鬣齿兽在非洲与亚洲、
欧洲之间都有跨古特提斯洋的迁移。

牛鬣兽

　　牛鬣兽是肉齿目已灭绝的一科。

　　牛鬣兽主要分布在北美洲，欧亚大陆也有分布，从晚古新世延续到
中始新世，大约包括 10 个属。

　　牛鬣兽的裂齿主要由上第一臼齿和下第二臼齿（M1/m2）构成，

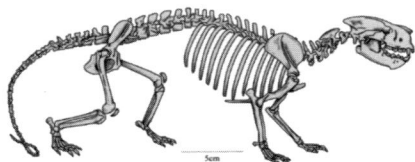

父猫骨架示意图

上第四前臼齿和下第一臼齿（P4/m1）有部分辅助作用，无第三臼齿。多数牛鬣兽的头骨短宽，下颌深而粗壮，躯体长，四肢短而粗壮，距骨滑车浅，距骨和跗舟骨、骰骨相关节。通常认为牛鬣兽的运动方式是蹠行式，但肱骨上粗壮的嵴、尺骨上发育的鹰嘴，显示出挖掘的特征，另外一些特征（如张开的第一趾、粗壮的肱骨、几乎相平的距骨滑车等）则暗示早期的类群可能有树栖或攀缘的能力。

牛鬣兽最早的代表是北美晚古新世个体较小的小牛鬣兽，中始新世北美的父猫和亚洲的裂肉兽已经达到熊类大小，兼食肉和骨。牛鬣兽在类剑齿虎亚科时达到顶峰，不仅具有巨大的刀片状下第二臼齿，而且有长的上犬齿和相应凸出的下颌前端，这也使得类剑齿虎成为已知最早的具有"剑齿"的捕食者。

细齿兽

细齿兽是食肉形类的早期代表。已灭绝。

细齿兽包括细齿兽科和古灵猫科，分布于北美洲、亚洲和欧洲的早古新世至晚始新世地层。以往认为细齿兽科具有上第三臼齿，P4前附尖退化或消失，跟骨没有和腓骨关节等特征，显示出犬型类的特征；而古灵猫科上第三臼齿消失，P4前附尖强壮，跟骨具有和腓骨一样的关节面等特征，显示出猫型类的特征；所以细齿兽科和古灵猫科分别被认为是食肉目中犬型类和猫型类的早期代表。但由于大多数细齿兽腕骨中的腕舟骨和月骨没有像食肉目中一样愈合，人们认为古灵猫科是所有其他食肉形类的姐妹群，而细齿兽科则可能和冠群食肉目更接近，两者构成食肉型类。古灵猫科和细齿

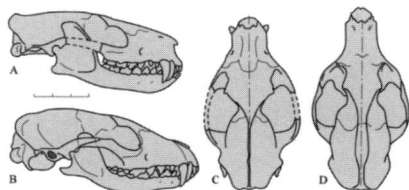

中始新世细齿兽头骨（A、C）和现生灵猫类马来灵猫的头骨（B、D）对比

兽科不同的附肢骨特征，显示出不同的运动适应。大多数古灵猫科的头后骨骼都显示出地栖和一定程度的快速奔跑的特征，而细齿兽则显示出攀缘和树栖型的特征。

最早的食肉形类化石是发现于加拿大早古新世的雷文鼬，但仅有一颗上臼齿。在北美洲和亚洲的早古新世晚期分别发现有相似的鼬祖兽（Ictidopappus）和祖鼬，被认为是原始的古灵猫科或是基干的食肉形类。食肉型类的早期代表包括北美洲晚古新世的尤他犬、欧洲最晚古新世的普氏仆犬和纤细犬、亚洲早始新世的新喻鼬和乖犬。食肉型类被认为起源于亚洲，之后扩散至欧洲和北美洲。

洞　熊

洞熊是欧洲冰期非常常见的大型洞栖熊类，与现代棕熊和北极熊最为接近。已灭绝。

欧洲很多第四纪洞穴中都有大量的洞熊化石，世界各大博物馆多有收藏、展览。因此，洞熊的化石研究历史悠久，超过200年。恐怕历史上没有比洞熊更能与欧洲更新世洞穴堆积紧密联系的了。据这种联系推测，洞熊喜欢在洞中生活，而不是由其他动物带入洞中。或许多保存为

化石的个体是冬眠期间未能复苏所致。

洞熊与现代最大的熊类个体相当，性双型明显，雄性 400 ～ 500 千克，雌性 225 ～ 250 千克。很多洞熊的第一到第三前臼齿缺失。其齿冠结构复杂，具有极多的小瘤状褶皱。主要特征包括第四臼齿大、原尖向后移，臼齿长，第一下臼齿后前尖大、双内尖等。洞熊的食性较杂，包括各种植物和动物、骨髓，甚至有可能包括自相残杀。但有可能植物占的成分较大，因为其牙齿经常显示很大的磨损。

传统古生物学通常认为洞熊只出现在欧洲（欧洲无疑是洞熊的演化中心），但新化石记录及古 DNA 都证实洞熊也曾出现在亚洲，东到西伯利亚及阿尔泰山都有零星记录。另外，古 DNA 证据还显示洞熊曾有 3 个支系，并据此分出 3 个种：*U. deningeri*、*U. ingressus* 及 *U. spelaeus*。洞熊的灭绝比其他冰期巨型动物稍早，有人怀疑是因为人类曾经与洞熊竞争洞穴而致。

锯齿虎

锯齿虎是欧亚、非洲及南、北美洲大陆的较近代的一类已灭绝的剑齿虎（或称剑齿猫）。生活于上新世及更新世。

"*Homotherium*"的原意为"同类兽"，但经常通俗地称为弯齿猫（scimitar-toothed cat）（scimitar 源于古代中东地区的一种弯刃短剑）。

锯齿虎可达狮子大小，但一般略小些。锯齿虎的剑齿（特化的犬齿）长度中等，不如同时代其他剑齿类的相对长度长，但其横截面变扁，具有细小的锯齿。剑齿内侧的下颌骨具有中等的颏叶。锯齿虎的显著特征在于它的四肢很长，前肢略长于狮子，脖子相对长而背部和尾巴相对短。其爪子也有些小，而且收缩能力也不如其他种类（猫科爪子多有收缩功能，以保存其尖锐性）。因此，锯齿虎在开阔草原奔跑及长距离追赶猎物的能力在剑齿虎中少见。这与很多剑齿虎以偷袭方式迅速接近猎物的捕捉方式形成鲜明对比。另外，锯齿虎的门齿也比较发育，常向前突出，构成弧形并远离后面的剑齿。古生物学家经常根据这种特殊的门齿结构推测其杀伤猎物的方式。一般认为剑齿类善于用它的长剑齿来迅速咬死猎物，以尽量避免在搏斗中受伤，而锯齿虎的特殊门齿在搏杀中的作用则一直是一个谜。

锯齿虎的化石在欧洲维拉方期较常见，在亚洲塔吉克斯坦和中国的甘肃龙担、河北泥河湾、四川横断山等地都有出产。

巨颏虎

巨颏虎是已灭绝的一类中型剑齿虎。一般为豹子大小，剑齿非常发育。

法国古生物学家 G. 居维叶早在 1824 年就描述了意大利和法国的一些零碎材料，最初把它们归入熊属。此后，巨颏虎的属名经历了漫长的学术争论，直到 20 世纪 70 年代才逐渐稳定下来。巨颏虎的希腊文正确拼法应该是 Meganthereon，但由于国际命名法则的限制，原拼法"Megantereon"继续使用至今。

巨颏虎虽然个体不大，但头骨、牙齿和脖子具有相当进步的特征，包括细长的剑（犬）齿，下颌前部具有向下伸长的颏叶（巨颏虎属名由此而来），下颌冠状突低矮，头骨乳突向下延伸。这些特征与一些早期剑齿虎（如猎猫科）趋同。巨颏虎四肢短、有力，善于以偷袭方式迅速捕捉并高效率杀死猎物。以上一系列特征都显示巨颏虎与北美剑齿虎最接近，二者是姐妹群。

巨颏虎主要生活在非洲、欧亚大陆及北美洲，时代上以中上新世到中更新世为多。其北美洲的一支（西方巨颏虎）有可能直接演化成后来的剑齿虎。因此，可以说巨颏虎本身在北美洲没有绝灭，但在其他大陆上则是本支系的最终成员。关于巨颏虎种一级的划分争议很多。尤其是欧亚大陆的种数，意见分歧更大。现在看来，非洲有1～2种，欧亚大陆有1～5种，美洲有1种。中国命名的有3种：泥河湾种（命名于河北泥河湾）、意外种（命名于北京周口店）及蓝田种（命名于陕西蓝田），但中国古生物学家邱占祥等倾向于把后两者合并。

西瓦猎豹

西瓦猎豹是猫科已灭绝的一种，与现生非洲与南亚猎豹有些关系。

西瓦猎豹（拉丁文直译西瓦豹）的属名，最初由匈牙利古生物学家M. 克莱特佐伊根据印度的西瓦利克沉积出产的短吻猫命名。但由于材料破碎，一开始就对其性质争议较大，并经常与现生猎豹属相提并论。2004年，中国古生物学家邱占祥等根据中国甘肃省临夏盆地龙担地区早更新世黄土中出产的4个头骨及较完整的下颌骨命名了临夏西瓦猎豹新种，致使对西瓦猎豹的认知有了飞跃式的进展。

西瓦猎豹与现生猎豹有很多相近的特征，如四肢修长、头骨鼻部强烈下倾等。与现生猎豹的主要区别在于西瓦猎豹个体大并与虎豹属的原始特征有些相似。中国的化石记录除上述的龙担地区外，还有山西垣曲、陕西蓝田和四川龙骨坡。而河北泥河湾及北京周口店的材料则与现生猎豹更接近。对现代猫科分子演化关系的研究显示，猎豹与北美洲的山狮是姐妹群，可能共同起源于北美洲。如果是这样的话，西瓦猎豹或许是一支从北美洲迁徙来的大型猫类，并进而演化出现生猎豹。鉴于北美洲的猎豹（如 *Miracinonyx*）已经具有现生猎豹的修长四肢，因此推测猎豹类奔跑速度这一特征在西瓦猎豹这一演化阶段就已经开始形成了。

尤因他兽

尤因他兽是已经绝灭的恐角目一属的大型植食性动物。因最初发现于美国尤因他山区而得名。

尤因他兽化石发现于北美和中国，生活时代为早－中始新世。尤因他兽以吃树叶为主，体长可达 4 米，身高可达 1.6 米，体重可达 4 吨。虽然它在大小和体形上与今天的犀牛相似，但两者并无亲缘关系。尤因他兽头骨厚重，脑腔极小，脑颅壁很厚。头上有 3 对角，上犬齿增大成为獠牙，类似剑齿虎的犬齿，但功能上与剑齿虎的完全不同。下颌有很发育的下颌突。

尤因他兽可能因气候变化或与奇蹄类（如雷兽和犀类）的竞争而在中始新世末全部绝灭。

后弓兽

后弓兽是南美洲滑距骨目有蹄动物中一个长脖子、长腿、三趾的已灭绝属。

后弓兽最早的化石记录发现于其生存于约 700 万年前（晚中新世时期），最后的、也是最有名的种巴塔哥尼亚后弓兽在 1 万～2 万年前（晚更新世时期）绝灭。除阿根廷的巴塔哥尼亚，后弓兽也发现于玻利维亚、智利和委内瑞拉。后弓兽最早的标本是英国生物学家 C.R. 达尔文 1834 年在参加贝格尔号考察期间采集的，1837 年由英国古生物学家 R. 欧文研究后命名。复原的后弓兽像一匹无峰的骆驼，头相对较小，具有一个下垂的长鼻子，但它与骆驼和长鼻类并无密切的亲缘关系。后弓兽的体形相当大，体长约 3 米，体重可达 1 吨。

后弓兽是群居的植食性动物，具有由 44 枚牙齿组成的完整的齿列，其齿冠较低，取食树叶和草，其长鼻可以帮助攫取食物。由于后弓兽的鼻腔开口位于头骨顶部，与大多数哺乳动物不同。早期的研究者甚至误认为它相似于鲸鱼，在鼻部形成一个通气管，后来更多的化石发现才使这个观点被摒弃。正确的解释是它的长鼻与现代的赛加羚羊相似，可以阻挡尘土进入鼻腔之内。后弓兽的脚踝关节和小腿骨显示其具有不同寻常的机动性，能够在高速奔跑时迅速改变方向，有效地逃避捕猎者的追击。

雷　兽

雷兽是已绝灭的一类奇蹄动物。

最早的雷兽名为兰布达兽，出现于北美洲早始新世。它的大小与狼相近，身材比较轻巧。有适于奔跑的细长的四肢和脚，前脚四趾，后脚三趾。头骨很原始，眼孔和颞颥孔不合而为一。颊齿低冠，前臼齿稍许白齿化。雷兽的进化趋向之一是体形逐渐增大。比兰布达兽稍晚的始雷兽身材已相当大，中始新世和晚始新世的雷兽类的身躯已接近现代的犀，渐新世的雷兽一般都比现代的犀或貘大得多。雷兽的另一个进化趋向是在一些类型中发展了角，中国内蒙古地区的王雷兽鼻骨及前上颌骨扩展成一对左右侧扁巨大而相连的角，是强有力的自卫武器。

雷兽延续的时间不长，早始新世开始出现，中渐新世以后便完全消失，前后大约只有 2000 万年。

一般认为，北美是雷兽进化发展的中心。至迟从中始新世开始，雷兽曾多次经由白令海峡扩散到亚洲，向西更远达东欧。中国从中始新统开始有可靠的化石记录，晚始新统和渐新统的化石非常丰富。

鼻雷兽

鼻雷兽是已绝灭的始新世雷兽的一属。

鼻雷兽由美国古生物学家 W.W. 葛兰阶和 W.K. 格雷戈里于 1943 年命名。中国科学院古脊椎动物与古人类研究所考察队于 1959 年在内蒙古四子王旗的乌拉乌苏发现一具几乎完整的蒙古鼻雷兽骨架。复原结果显示蒙古鼻雷兽的外鼻孔非常长且狭窄，中下部可以收缩闭合。鼻部的这种结构可能与蒙古鼻雷兽生活在沼泽地带有关，因为当它将头埋在水中时，可以收缩鼻孔的中下部，使其闭合，防止水从鼻子进入，其

蒙古鼻雷兽复原图

上部仍然露在水面上，通过上孔自由呼吸。当头露出水面时，鼻孔的上下孔完全开放呼吸。它的头和颈都是平伸的，颊齿为低冠的丘形齿，这表明蒙古鼻雷兽可能主要以灌木的嫩叶和沼泽中多汁的水草为食。这种食物显然不需要特别的研磨，经过咬合和轻微的咀嚼就可以嚼碎。

蒙古鼻雷兽的鼻骨与象和貘的相反，很长，因此它不可能有软的长鼻。鼻雷兽的门齿也开始退化，其中间的两对上门齿形成扁球体，用其来取食的功能逐渐减小。同时，鼻雷兽的犬齿和前臼齿之间的齿隙非常小，显然不允许舌头伸出来取食。鼻雷兽的上唇可能具有较大的活动性，可以帮助取食。四肢的比例和结构反映了鼻雷兽是属于比较笨重的类型，而且比犀牛还要笨重一些。

近　貘

近貘是貘类已灭绝的一属。生活于中新世。

近貘由中国古生物学家邱占祥等于 1991 年命名，其模式种为矢木氏近貘，化石产于日本和中国的早中新世地层，在中国山东省临朐县山旺地点发现有包括头骨在内的身体前部化石。

近貘的体形约与现生最小的南美貘相近。其眼眶之前的面部很高，眶下孔大约位于面高的中部，自门齿槽中点至鼻切迹后端为向上隆凸的曲线。鼻骨窄短、舌状，后端两侧具小凹陷以容纳鼻憩室的后端。鼻骨后移，其后端位于上第三臼齿之后的上方，而前端大约位于眶前缘附近；无眶后突。前颌骨鼻突插入上颌骨之中，其后端达上第三前臼齿处。下颌颏孔位于下第二前臼齿之前。门齿排列紧密，前两对门齿唇面冠高而平直，上第三门齿不特别加大，下第三门齿不变小。上犬齿很小，下犬齿退化消失。

近貘是貘类演化的一个旁支，没有留下后代。

巨　貘

巨貘是在东亚尤其是中国第四纪时期生存过的已灭绝的貘类的大型属。

巨貘由美国古生物学家 W.D. 马修和 W.W. 葛兰阶于 1923 年命名。在中国华南和越南的许多更新世动物群中都可以发现巨貘的化石。在中国，其分布最北可以到达陕西；国际上，主要分布在中南半岛，在印度尼西亚也有发现。

巨貘体形相当大，其体长达 2.1 米，肩高近 1 米，体重约 500 千克，比现代马来貘重将近 1 倍。在形态上，巨貘与现代的貘并没有明显的不同，其头骨较短而高，牙齿比马来貘大很多，但特征只有细微的区别。

巨貘从中更新世早期开始出现，在全新世早期绝灭，其生活习性很可能类似于河马。巨貘应该起源于中国，代表了真貘的进化顶峰。在早更新世时期，在中国长江流域和广西、云南等地主要分布着中国貘。至中更新世，中国貘基本消失，中国境内分布的只有华南巨貘。

三趾马

三趾马是一类已灭绝的马。三趾马是拉丁文学名 *Hipparion* 的中译名，1924 年就已在中国广泛使用。三趾马的拉丁文学名是法国古生物

三趾马复原图

学家 J.de 克尼斯托尔于 1832 年创立的。

最早的三趾马化石发现于北美洲中中新世的地层中，距今约 1500 万年。在距今 1200 万年前后，至少有一支三趾马通过白令陆桥进入旧大陆，曾经繁盛一时。这一时期的动物群就被称为三趾马动物群。

三趾马脚骨

随着新材料的发现和研究的深入，现在人们认识到这是一个相当庞杂的类群，可能包括多个属。广义的三趾马至少还包括北美洲的祖三趾马、新三趾马和矮三趾马。过去多认为旧大陆的三趾马都属于狭义的三趾马，而分成若干亚属，但有人认为它们也应该分成若干属，例如长鼻三趾马、柱齿三趾马等。

三趾马是马科演化谱系中的一个旁支，并不是现生马的直系祖先。体形上小者如驴，大者如马。上颊齿有孤立的原尖和极多的窝内细褶，是三趾马与一切其他马类的区别。头骨上的眶前窝在大多数种类中都很发育（现生马没有）；前肢 3 趾，中趾显著粗，大于两侧趾。三趾型前肢并不是三趾马所特有。除始新世的原始四趾型马类及中新世晚期向真马过渡的单趾类型，如上新马等，大部分化石马类都是三趾型的。

中国三趾马化石丰富。1885 年，德国学者 E. 寇肯建立了第一个种李氏三趾马。以后又记述了大量种。从晚中新世直至早更新世末或中更新世初期（匼河），生活在中国的广大区域内。

始祖马

始祖马是最早的马科动物，同时也是最早的奇蹄动物。已灭绝。

始祖马的属名"*Hyracotherium*"由英国古生物学家 R. 欧文创立于 1841 年。始祖马出现在 5600 万年前的始新世最早期，生活在热带森林和沼泽地带，取食矮树和灌木的嫩叶。

始祖马体形非常小，体长仅 60 厘米，体重约 9 千克，其身体轻巧灵活，前脚四趾，后脚三趾，具有小蹄和肉垫，但前脚起作用的也只有 3 个趾头。其四肢细长，适合于奔跑，腕部和踝部离开地面抬起，因此趾骨的位置几乎是垂直的。头骨长而低，背较弯曲，尾巴较短。牙齿低冠，具有圆锥形的齿尖，前白齿的结构比白齿简单得多。雄性始祖马的体形比雌性大 15%，四肢更粗壮，还具有更发达的犬齿。据推断，雌性始祖马组成一个固定的群体，而雄性始祖马为争夺与雌性群体的交配权而进行激烈的争斗。

始新世时在北美洲、亚洲和欧洲都有始祖马分布，当时有陆桥连接这些地区。但随着始新世早期的结束，始祖马在欧亚大陆绝灭。从那时起，马的演化就只限于北美洲大陆，而其他大陆后来出现的马类都是从北美洲扩散过去的。

长鼻三趾马

长鼻三趾马是一类进步、特大型、鼻吻部构造特殊的已灭绝三趾马。

长鼻三趾马属由瑞典古生物学家 I. 色费建立于 1927 年。其鼻颌切迹深，后缘达上第一白齿后缘垂线位置。鼻骨很短，游离部分两侧向前急剧收缩，末端仅达眶下孔位置。骨质鼻孔自顶面看，为一前窄后宽的梨形孔，前端无间颌突。前颌骨两鼻支在鼻颌切迹的前 1/3 ～ 1/2 长度上相互靠近，形成很窄的中缝，鼻支的顶缘圆隆，向后变薄，并向两侧翻转。从侧面看，自鼻颌切迹后缘至门齿齿槽唇面中点为一向上隆起的平滑曲线。颊齿高冠，中间颊齿冠高为 60 ～ 80 毫米，冠高指

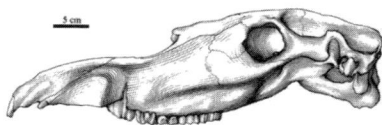

长鼻三趾马头骨

长鼻三趾马复原图

数约为 250。颊齿列长度为 140 ～ 180 毫米。上颊齿前、中附尖较宽，褶皱强烈，多分岔小枝，但原尖小，近椭圆形，与原小尖内壁相隔较远；下颊齿双叶贺风型，而且双叶谷很宽，后谷近平直，有时有微弱的下叉马刺和下马刺。

长鼻三趾马出现于上新世初期，至中更新世早期绝灭，已知包括原始长鼻三趾马和中国长鼻三趾马两个种。该属广泛分布于欧亚大陆，尤其是北部地区。在中国主要分布在华北地区西起陇东合水、东至河北泥河湾的长方形范围内，也见于江南的南京汤山；在国际上，见于俄罗斯西伯利亚、土耳其、蒙古国和英国。

上新马

上新马是进步马类已灭绝的一属。

　　上新马由美国古生物学家 O.C. 马什于 1874 年命名。上新马脚的侧趾已完全退化成骨结，几乎不起作用，实际上每只脚上只剩下一个脚趾。上新马的身高 1.25 米，体形与现代马类似。

　　上新马起源于 1500 万年前的中中新世时期，虽说单趾的马通常在与三趾的马的对比中被描绘成超级奔跑者，但这种性状的获得并没有立即使它们取得数量上的优势。在大约 1000 万年前的晚中新世时期，在美国加利福尼亚州和犹他州有上新马的几个种存在。当时北美洲西部的山间盆地比东部的平原地带要干燥得多，在上新马的适应性状中，单趾和很高的齿冠可能就是这种环境影响的结果。上新马直到中新世最晚期才大量繁盛，这一时期三趾马遭受了沉重的绝灭灾难，从而使上新马自 600 万年前开始在北美洲的动物群中占据了统治地位。

　　上新马普遍被认为是现代真马的祖先，但其头骨具有很深的眶前窝，这不是真马的特点，而且其牙齿强烈弯曲，也与真马非常直的牙齿不同。因此，其真马祖先的地位也受到质疑。

渐新马

　　渐新马是原始马类已灭绝的一属。

　　渐新马由美国古生物学家 O.C. 马什于 1875 年命名，生活于 4000 万～ 3000 万年前始新世中期至渐新世早期的北美洲地区，适应于气候干燥和灌木丛生的环境。

　　渐新马比始祖马更大一些，身高达 75 厘米，体重达 55 千克。头骨的吻部变得更长，在前面的门齿和后面的颊齿之间形成一个更长的间隙。

在头骨侧面的眼眶之前形成一个显著的凹陷，叫作眶前窝。眶前窝在许多已绝灭的马类中都存在，但现代的马却没有眶前窝，因此其功能尚未了解。其背脊变得直而硬，腿的长度也增加。前脚的小趾（第五趾）消失，因此前、后脚都只有 3 个脚趾，中趾明显增大，但所有的脚趾都与地面接触，一部分身体重量仍然由脚趾后的肉垫支撑。颊齿仍然低冠，但除第一前臼齿，其余的前臼齿都已变得和臼齿一样，即前臼齿的"臼齿化"现象。颊齿齿冠形成强烈的脊形，成为有效切割树叶和嫩枝的工具。

爪　兽

爪兽是一类已灭绝的奇蹄动物。

爪兽的外形很像马，牙齿与雷兽相似，最大的类型身高可达 3 米，特别之处在于，它们是有蹄动物中唯一长爪子的类型，常用趾关节行走，以保护长长的爪子。从牙齿上看，爪兽的上臼齿很有特点，具有完整的后脊和不完整的原脊。除最原始的类型，爪兽从很早期开始就形成了典型 W 形的颊齿冠面结构。爪兽强有力的四肢是非常有效的防卫武器，但更多的时候其爪子是用来勾下树枝，以便吃到最鲜嫩的树叶。爪兽从始新世首次出现后一直延续到更新世，但这个类群从来没有大发展的时期，不论何时的动物群中爪兽都处于稀少的地位。

爪兽被分为 3 类，即始爪兽类、裂爪兽类和普通爪兽类，各自以其得名的属为代表。始爪兽化石发现于中国和美国西部的始新世地层中，其体形小，上、下犬齿都存在，前臼齿已开始有臼齿化的趋势，上颊齿上有突出的横脊，前脚四趾，后脚三趾，尾长。其他两类爪兽与始爪兽相比，体形都变得较大，齿冠也增高，趾骨高度特化。裂爪兽的前、后肢骨长度相近，其爪的收缩机能已发展得相当完善，行走时爪子可以向后弯曲。普通爪兽的肢骨发生了巨大的变化，包括胫骨和距骨强烈缩短，前脚上失去了第五趾，前、后脚都是三趾，前肢比后肢长，其头骨具有短的脸部，前臼齿列缩短，齿冠相对裂爪兽而言较低，爪子相对较短。普通爪兽最早于中新世早期出现在非洲和欧亚大陆，在亚洲一直生活到更新世早期。

跑 犀

跑犀是犀超科已灭绝的一个具有扁长掌蹠骨的科。

在北美洲和亚洲发现的渐新世的跑犀，身材小巧，细长的四肢适于迅速奔跑，其前脚4趾，后脚3趾；上臼齿齿冠成Π形齿脊，下臼齿齿冠为两个新月脊，这些脊形齿显示出草食食性。跑犀具有相似的多样性和地理扩散历史，从始新世中期开始分布于北美和欧亚大陆，渐新世达到其全盛时期，至早中新世绝灭，地质年龄为4860～2630万年。

跑犀科从晚始新世的三趾原犀属起源，分化为2个亚科：跑犀亚科和紧齿犀亚科。跑犀亚科动物是小型、善跑的类型，主要发现于北美洲，其门齿和犬齿紧密连接并逐渐演化为细棒状。到渐新世，只有跑犀亚科跑犀属动物在北美洲还常见，如内布拉斯加跑犀。跑犀在渐新世初迁徙到欧洲，演化出具有獠牙的异角犀亚科。紧齿犀类具有发达的犬

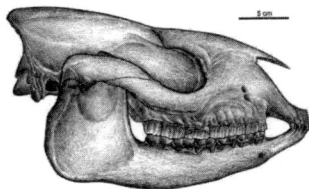

内布拉斯加跑犀头骨

齿，下颌门齿两对并呈铲形，上第三臼齿无后附尖，上前臼齿轻微到完全臼齿化，下前臼齿变长，前、后脚三趾。

两栖犀

两栖犀是犀超科已灭绝的一科。

两栖犀是大而笨重的犀牛类，有强壮的四肢和短而宽的脚，其化石经常发现于河流形成的沉积物中，所以推断它们是喜爱在水中生活的动物。两栖犀的头骨笨重，门齿和前面的前臼齿大大地退化，犬齿和臼齿则极度增大。犬齿的尺寸和形状就如一柄短剑一般，可能用作争斗和防卫的武器，而臼齿则为长的切割齿。

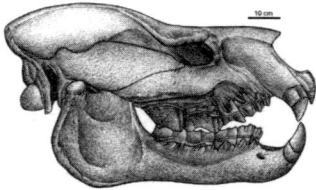

平额后两栖犀头骨

两栖犀从中始新世到中中新世分布于北美洲和欧亚大陆，在亚洲晚始新世动物群中相当常见，在北美洲略少。从原始的长脸类型（如长吻两栖犀属）开始，两栖犀逐渐进化成两个亚科：貘形卡地犀亚科和河马形后两栖犀亚科。前者具有类似貘的长鼻，包括阿尔丁卡地犀等；后者则像河马一样营水陆两栖生活。两个亚科的多样性在早渐新世降低，在北美洲只有后两栖犀属，如平额后两栖犀残存到渐新世中期。两栖犀类在亚洲的巴基斯坦坚持到中中新世，垂角犀是最后灭绝的属。

准噶尔巨犀

准噶尔巨犀是巨犀科已灭绝的一属。

准噶尔巨犀属由中国古生物学家邱占祥于 1973 年命名。模式种为中国新疆准噶尔盆地发现的霍尔果斯准噶尔巨犀，体重可达 24 吨。此外，还有吐鲁番准噶尔巨犀和天山准噶尔巨犀。

霍尔果斯准噶尔巨犀

准噶尔巨犀生活在渐新世，化石发现于中国内蒙古河套地区至吐鲁番盆地东部和新疆准噶尔盆地南部。其头骨颅部顶面自侧面看平直，颞-顶嵴在顶面不愈合，留有较宽的嵴间面。鼻切迹后端角形，后缘达上第二、第三臼齿交界附近，向后超过眶前缘。鼻骨短，前端达上第二前臼齿水平。眶下孔面向上方，位于上第四前臼齿中部之上。上颌骨前部和前颌骨强烈退缩。下颌角不强烈向后突出，其后缘接近垂直。齿式为 1.0.3.3/1.0.3.3，上门齿退化为残迹，下门齿齿根向后不达下第二前臼齿。无横隔椎，腰椎 4 个。四肢骨粗短。

披毛犀

披毛犀是哺乳纲奇蹄目犀科真犀亚科双角犀族的已绝灭的一属。

已知有 4 种披毛犀，即最后披毛犀、托洛戈伊披毛犀、泥河湾披毛犀和西藏披毛犀。它们曾是旧石器时代人类的狩猎对象。根据在西伯利亚发现的披毛犀冻尸、在波兰发现的浸泡在沥青沉积里的遗体，以及法国旧石器时代洞穴中的壁画，现代人得知披毛犀体表披有御寒的长毛和浓密的绒毛。披毛犀的头骨大而长，头部和颈部向下低垂，额上和鼻上各长有一支犀角，鼻角尤其长大，向前倾斜伸出。它的臼齿齿冠很高；

釉质层厚，有许多褶皱；齿凹内充填了致密的白垩，适合于咀嚼质地干燥的草本植物。

西藏披毛犀复原图

披毛犀的厚重毛发，可以起到保温的作用，适应于寒冷的苔原和干草原上的生活。宽阔的鼻骨和骨化的鼻中隔使其有两个相当大的鼻腔，增加了在寒冷空气中的热量交换。除用厚重的毛发和庞大的体形来保存热量，它的头骨和鼻角组合也与寒冷的条件相适应。它长而侧扁的角呈前倾状态，用以在冬季刮开冰雪，从而找到取食的干草。以下形态特点支持上述观点：①从冰期古人类的洞穴壁画中可以发现披毛犀的角相当前倾，鼻角的上部位于鼻尖之前。②角的前缘通常都存在磨蚀面。③这个磨蚀面被一条垂直的中棱分为左右两部分，显然是由于摆动头部刮雪而形成。④侧扁的角明显不同于现生犀牛圆锥形的角，能有效地增加刮雪的面积。⑤向后倾斜的头骨枕面使犀牛能自如地放低其头部。这些头骨特征与细长浓密的毛发相结合，清楚地显示披毛犀能够在寒冷的雪原中生存。

已知最早的披毛犀是发现于中国青藏高原西藏自治区札达县上新世500万～300万年前地层中的西藏披毛犀，其头骨具有相当长的面部，鼻中隔骨化程度较弱，只占据鼻切迹长度的1/3，颊齿表面的白垩质覆盖稀少。青藏高原在上新世达到现代高度，形成寒冷的冰缘环境，冰期动物群的披毛犀等成员在青藏高原上演化发展，形成对冰期气候的预适应。随着第四纪冰期来临，西藏披毛犀离开高原地带，经过一些中间阶段，在早更新世约 250 万年前演化为泥河湾披毛犀，首先到达中国青海共和、甘肃临夏等地区，在约 200 万年前到达中国河北阳原地区；中更新世约 75 万年前演化为托洛戈伊披毛犀，扩散到西伯利亚和西欧；最后来到欧亚大陆北部的低海拔高纬度地区，成为中、晚更新世繁盛的猛犸象——披毛犀动物群中的重要成员。最后，披毛犀在晚更新世广布于欧亚大陆北部，从东面的朝鲜半岛一直到西面的苏格兰，最北界限大约在北纬 72°，最南到北纬 33°。中国最后的披毛犀化石较集中地分布在东北平原，在华北、西南也偶有发现。最后，披毛犀在 1 万年前的更新世末消失，但有记录显示可生活到全新世距今 4000 年才最后绝灭。

巨　犀

巨犀是犀超科内独立的一科。已灭绝。

巨犀的名称来源于它们巨大的体形。巨犀家族起源于亚洲，主要分布在亚洲，后期可能稍微往西扩展到东欧的格鲁吉亚、罗马尼亚、黑山和保加利亚等地，但从未到过北美洲、西欧和非洲。在中国、蒙古国、哈萨克斯坦、巴基斯坦等地都发现过它们的化石，其中以中国发现的最为丰富，种类最多。

巨犀家族最早、最原始的成员是在中国内蒙古二连盆地的中始新世沉积物中发现的始巨犀，而最繁盛的时期是渐新世，如在中国新疆准噶尔盆地晚渐新世沉积物中发现的准噶尔巨犀属和巴基斯坦布格蒂地区的巨犀属。绝大多数巨犀在渐新世结束之前就灭绝了，只有秀丽吐鲁番巨犀一种在中国甘肃兰州盆地和青海西宁盆地一直延续到新近纪的早中新世。

巨犀是地球历史上最大的陆生哺乳动物类群，其他陆生动物没有可以与其相比的，所以它们常常受到人们的广泛关注。一只完全成年的雄性霍尔果斯准噶尔巨犀站起来时，其头顶离地面超过 7 米，据推算体重可达 24 吨，相当于 8 只现代犀牛的重量，体形比长颈鹿要大得多。

始　驼

始驼是小型的胼足亚目的化石类群。

由于曾被认为是最古老的骆驼科成员而得名，后被归入鹿驼科。鹿驼科与骆驼科一起组成骆驼超科。

始驼的个体很小，后肢较前肢长，前后都是四个蹄，中间两个强壮。臼齿齿冠低，新月形齿。

归入该属的种尚存在争议，甚至被称为一个垃圾桶属，包括一定演化阶段的所有鹿驼类。始驼的分布范围仅限于北美洲，时代为中始新世中期。

始祖象

始祖象是长鼻类已灭绝的一属。从词意来讲，其属名"*Moeritherium*"应翻译为莫湖兽。

在相当长的时间里，发现于晚始新世到早渐新世（距今 4000 万～3000 万年）的埃及古莫里斯湖（Moeris）的始祖象是最早的长鼻类。

然而在 20 世纪 80 年代之后相继发现了努米底象、磷灰象、曙象等更多的化石，把最早的长鼻类向前一直推到古新世。新化石的发现也从根本上动摇了始祖象作为长鼻类祖先的地位。

始祖象有两个种：莱氏始祖象和三角齿始祖象。它们都是小型的长鼻类，大约有一头大猪那么大，身体也很笨重。始祖象的身体很长，腿却很短，眼眶接近于头的顶部，这些特征都表明，始祖象是一种水陆两栖的动物。它们很可能生活于湖沼地带，取食近岸的植物，与现生河马的生存环境类似。然而，始祖象的外鼻孔位置非常靠前，这说明始祖象并没有发育长鼻，或许它具有一个比较灵活的上唇。揭示出始祖象长鼻类属性的特征主要是其具有增大的上门齿，这便是后来象牙的雏形，而且始祖象四肢的结构也具有一些长鼻类的特征。

始祖象的臼齿具有丘型和脊型混合的特征。曾经认为，这种丘脊型齿在长鼻类中是原始特征，而恐象的完全的脊型齿是其进步特征。然而，新化石证明脊型齿在长鼻类中才是真正原始的。始祖象在很多方面都非常特化，虽然它毫无疑问是长鼻类，但它与长鼻类的主干已经分化很远了。现在学术界普遍的观点认为，始祖象是分类位置不很确定的、长鼻类的一个早期分支。

剑齿象

剑齿象是剑齿象科已绝灭的一属。

剑齿象的上门齿长，无纵向延伸的珐琅质带，下颌联合部变短，下门齿缺失，颊齿脊型，齿冠较低，第三臼齿发育 6 ～ 13 个齿脊，齿脊的横切面呈"屋脊"状。

最早的剑齿象出现于距今约 800 万年的中新世晚期，灭绝于晚更新世晚期的南亚，其地理分布仅限于亚洲和非洲。中国是剑齿象演化重要的地区之一，化石种类丰富。中国北方最常见的种是师氏剑齿象，即著名的黄河象，它是一种特大型的剑齿象，主要分布于黄河中游地区，包括甘肃、陕西和山西等地，出现时代为晚中新世晚期至上新世。中国南方最常见的种是东方剑齿象，可在更新世华南地区的洞穴堆积或裂隙中经常发现它的遗迹，其个体相对较小，是华南中 - 晚更新世大熊猫 - 剑齿象动物群的重要成员。

猛犸象

广义的猛犸象是指真象科已绝灭的一属。狭义的猛犸象是指真猛犸象。

猛犸象约 500 万年前起源于非洲，自 300 多万年前走出非洲向北迁移进入欧亚大陆后，在这片广袤的大地上生存、繁衍、迁移、演化，形成了从罗马尼亚猛犸象—南方猛犸象—草原猛犸象—真猛犸象（北美洲的哥伦布猛犸象）连续的演化序列，绝灭于 3700 年前。

猛犸象是一个曾经生活于非洲、亚洲、欧洲、北美洲等不同区域中的热带、温带和寒带等不同生态环境的成功的生

猛犸象骨架

猛犸象复原图

猛犸象的象牙化石

物类群。与其他长鼻类相比，猛犸象的头骨很高，有背部膨胀的顶骨，在前后方向上明显缩短；门齿较长，强烈弯曲，并呈螺旋状扭曲；臼齿为典型的高冠齿，齿板排列紧密。分子生物学研究表明，猛犸象与现在的亚洲象有着更近的亲缘关系。

真猛犸象是猛犸象属里一个适应于极端寒冷气候环境的最进步的种，约 80 万年前起源于西伯利亚，随着气候的逐渐变冷扩散至欧亚大陆和北美洲的冻土地带。冰期时代的真猛犸象与中生代的恐龙一样，成为最受瞩目的自然界生灵。由于真猛犸象死后常埋没于沉积层中封冻起来，所以许多尸骸都保留至今，尤其多见于西伯利亚广袤幽深的永久冻土中。

铲齿象

广义的铲齿象是指铲齿象科（又译成扁齿象科）中的全部成员，它们均具有一对向前方伸出的上下扁平的下门齿，已灭绝。狭义的铲齿象仅指其中的铲齿象属，主要分布在中国和东欧。

铲齿象科中已经明确报道了 9 属，包括古门齿象、原直齿象、隐门齿象、铲齿象、匙门齿象、柱门齿象、锯齿门齿象、铲门齿象、宽门齿象。它们分布于中新世的非洲、欧亚大陆和北美洲。前4属仅分布于旧大陆，后3属仅分布新大陆，而匙齿象和柱铲齿象则分布于新、旧两个大陆。有观点认为非洲的2个不常见的属，原嵌齿象属和非洲乳齿象属也可归为铲齿象科，但由于这2个属并不具有扁平的下门齿，因而这种观点并未得到广泛认可。

铲齿象属是铲齿象科中最特化的成员。铲齿象属的下颌向前方伸出，并向两侧扩张，在下颌的前端伸出一对非常扁平的下门齿，整个下颌犹如一把巨大的铁铲，因此而得名。传统认为，铲齿象生活在湖滨、沼泽地带，用宽阔的铲状下颌挖取食水生植物；但后来的研究表明，铲齿象的下门齿比较脆弱，可能仅仅是用来铲断植物的嫩枝，并不适合在水中挖掘。铲齿象属最早发现于高加索地区，但最主要的分布区为中国。中国已报道了3个种：同心铲齿象、葛氏铲齿象，以及一个未命名的新种，但另有一两种有可能在中国西部尚未报道。铲齿象属的时代局限在早中新世到中中新世，当晚中新世到来之时，铲齿象属完全灭绝，并被柱铲齿象所取代。

恐　象

恐象是长鼻目已灭绝恐象科成员的通称。

在系统演化上，恐象处于象类的姐妹群的位置。如同象类一样，恐象具有巨大而沉重的身躯，以及灵活的长鼻；但恐象没有上门齿，而是具有一对粗大的向下弯曲的下门齿。其第一臼齿为三脊型，其他臼齿为双脊型。从牙齿和骨骼的形态特征来看，恐象属于长鼻类是毫无疑问的。然而，由于最初发现的化石很不完整，对这一类动物的分类曾有很多争论。它曾经被认为属于犀类、貘类、大地獭，甚至是有袋类或海牛，其巨大的下门齿是为钩住岸边的岩石。直到 1864 年克劳迪斯发表了恐象耳骨迷路的研究，认为其与象类接近，恐象属于长鼻类的观点才逐渐获得认同。

　　恐象在中新世以前的演化历史长期不为人所知，直到在埃塞俄比亚奇勒加（Chilga）的渐新世地层中发现了奇勒加兽，这段空白历史才被填补。中新世之后的恐象分为稍原始的原恐象和略进步的恐象两属，广泛分布于欧洲、亚洲以及非洲大陆。从中新世早期一直到更新世，在 2000 多万年的历史上，除体形增大，恐象在形态上没有很明显的改变，非洲的恐象一直到 100 万年前才灭绝。

　　尽管大量的恐象化石在欧洲、西亚、南亚，甚至东南亚被发现，恐象化石在中国的记录长期以来一直是一个空白。直到中国古生物学家邱占祥等 2007 年发表了中国甘肃省东乡族自治县班土地点晚中新世早期的中华原恐象下颌，这一空白记录才被填补。据研究，中华原恐象可能是原恐象属在亚洲具有独特性状的一个时代较晚的种，很早就从恐象的主干中分出。在中国其他地区（尤其是南方），很可能还有恐象化石有待发现。

乳齿象

　　狭义的乳齿象作为一个属名，现在被认为是玛姆象属的同物异名，在分类学上已被弃置不用，仅作为美洲乳齿象的通称。而广义的乳齿象曾经被作为一个超科分类单元，包括从晚渐新世到更新世的多种象类。随着系统演化理论和支序分系方法的兴起，乳齿象这一并系的类群逐渐被拆解，最终不再成为正式的分类单元。从现在的分类角度，广义的乳齿象类包括现在的古乳齿象类、玛姆象类、嵌齿象类，以及剑齿象类和真象类的最原始的成员。

所有被划入乳齿象的象类均有一典型的特征，即其颊齿由乳突状的齿尖结构组成，从而与具脊形齿的原始长鼻类以及具有密集的齿脊或齿板的剑齿象、真象类相区别。因此，乳齿象其实上代表了象类演化的一个重要的阶段。乳突状的齿尖可以实现两种功能，一种是上下牙的齿尖相互嵌合，实现杵臼式的研磨功能；另一种是上下牙的齿脊相互交错，实现剪刀式的切割功能。在乳齿象中，对这两种取食功能的适应性衣应了嵌齿象和玛姆象这两大分支，促使乳齿象向不同的方向演化。乳齿象类的最后代表分别是南美洲的居维叶象类和北美洲的美洲乳齿象，它们分别是嵌齿象类和玛姆象类的最后成员，均在最近的1万年左右分别从南美和北美灭绝。

第2章

无脊椎动物

海　绵

普通海绵

普通海绵是海绵动物门已灭绝的一大类群，即普通海绵纲。

普通海绵具硅质骨针和骨丝，骨针通常互成 60º 或 120º，包括四轴针、单轴针或网结针，没有六射三轴针，水沟系为紧密的复沟型。

普通海绵生存于寒武纪至现代，如奥陶纪的古钵海绵、奥陶－志留纪的钵海绵。在一些特异保存的化石库中，普通海绵可成为数量和种类均占据优势的重要组成部分，如中国浙江和安徽奥陶系最上部安吉组底部发现的安吉生物群，就以保存精美的海绵化石（特别是普通海绵纲的代表）为特色。

玻璃海绵

玻璃海绵是海绵动物门已灭绝的一大类群，即玻璃海绵纲。

玻璃海绵的体形大，骨骼全部由硅质骨针组成，骨针多为六射三轴针，互成直角，也有四射双轴针。骨针常联结形成立体格架。沟系为简单复沟型。

玻璃海绵生存于寒武纪至现代，以晚古生代和第三纪最为繁盛，代表化石有寒武－奥陶纪的原始海绵、志留－泥盆纪的星海绵等。

钙质海绵

钙质海绵是一类骨骼成分为钙质的已灭绝海绵动物。分类上属多孔动物门钙质海绵纲。

该类海绵以其形成骨骼体的骨针的成分为钙质，而与同属多孔动物门的骨针为硅质的普通海绵纲及六放海绵纲等明显区分。

钙质海绵的共同特征包括：骨针有或无，成分为含镁方解石，属三射针或其衍生类型。

2003 年，R.M. 芬克斯等人编著的《古无脊椎动物论丛》中将钙质海绵纲划分为石灰海绵亚纲和钙质海绵亚纲两个类群，共包含 7 目。

钙质海绵始见于寒武纪早期，一直延续至今。

腔肠动物

层孔虫

层孔虫是一类已灭绝的海生群体动物。腔肠动物门水螅纲的一目。

层孔虫的骨骼由钙质组成，呈球状、层状、块状、枝状或不规则状等。内部骨骼由同心细层与放射支柱组成，细层平直、弯曲或褶皱，支柱陷于细层之间或穿过细层，有时细层和支柱相互垂直，形成不规则的网格状。共骨的表面常有小瘤、小刺、细孔和放射状排列的浅槽（星根构造）等。有些层孔虫外形圆柱状，中央具空心的轴管，管内具横板，管的周围被细层和支柱或泡沫状组织所围绕。硬体表面常有放射状排列的星状沟及刺、瘤、凹陷等。

层孔虫生存于中奥陶世至中生代，以志留纪和泥盆纪最为繁盛。生活在温暖的比较洁净的浅海底域，常与珊瑚、藻类等聚集在一起，形成生物礁，是寻找油气田的标志之一。中国层孔虫化石丰富，从奥陶纪到侏罗纪经常是生物礁的重要组分。

水　母

水母是生活于水中的一类浮游生物。分类学上属于腔肠动物门。部分已灭绝。

水母的身体外形呈伞状，多为四辐对称，常透明。个体从数毫米到两米不等，有的甚至更大。身体结构简单，一般不具有硬体骨骼，其伞状体边缘常长有须状的触手，有的触手可能长达 20 多米。绝大部分水母都是海生的，只有极个别的可能出现在淡水区域。在海中主要生活在近岸较浅水区域，但也可出现在百米左右的较深水域及不同海洋水体深度和不同纬度的海域。

水母有水螅型水母和钵水母两种。水螅型水母没有口道和隔膜，但具有缘膜，个体一般较小，甚至很小。钵水母又称真水母，其腔肠具隔膜，周围还有四个胃囊，口呈十字形，具口道和口腕，常不具有缘膜，伞缘常变成扇形的缘瓣，具有复杂的水管系。钵水母的成年个体一般都在 10 厘米以上，大的可以超过 2 米，触手展开可达 40 米宽。

已知最早的水母化石记录来自前寒武纪的埃迪卡拉动物群，在世界多地均有产出。因其缺乏硬体骨骼，化石多为印痕，多见于细粒砂岩和石英岩中，也可见于轻微变质的板岩或板状中 - 薄层灰岩中，只有极个别地区可见特异保存的水母化石，保存有其软体部分甚至其肠道内的物质（如澄江生物群和布尔吉斯页岩动物群这两个化石库）。见诸报道的水母化石主要是前寒武纪和寒武纪早期的记录，之后就很少在化石记录中报道，这与后生动物大发展之后对软躯体动物遗体的破坏增强有关。

钵水母

钵水母是刺胞动物门（又称刺细胞动物门）的一纲。又称真水母。钵水母与水螅纲、立方水母纲、十字水母纲一起组成刺胞动物门的水母亚门。部分种已灭绝。

绝大多数的钵水母生活史，包括营有性生殖的浮游水母阶段和营无性繁殖的底栖水螅阶段，少数缺失或不发育水螅阶段。水母体体形较大，消化循环系统较水螅纲的水母体复杂，具有口道和胃囊、发育司感觉的平衡棒。水螅阶段可营独立生活，以多盘横裂方式产生蝶状幼体，进而发育成水母成体。

钵水母类的现生类型包括冠水母目、根口水母目和旗口水母目 3 个目。已灭绝的锥石类一般也被视作一类钵水母。而传统上归入钵水母纲的立方水母类和十字水母类随着分子生物学研究的深入先后被分出来单独成纲。

具体而言，钵水母类化石稀少；锥石类的化石记录相对较丰富，最早出现于埃迪卡拉纪晚期，可一直延续至三叠纪；其他类群化石记录零星。最早的钵水母出现在寒武纪，此后零星见于石炭纪、侏罗纪等。

锥　石

锥石是已灭绝的一类海生无脊椎动物。

锥石的壳体一般呈锥形，直或弯曲，长 0.8 ～ 40 厘米。外壳一端开口，即口端；另一端称始端或顶端。横切面为正方形、菱形、长方形、三角形或似圆形等。表皮薄，一般在 1 毫米左右，由几丁磷灰质组成。壳面一般具横向、纵向的纹饰，个别壳面光滑。多数锥体的表面间交接处凹入成沟，每个表面被一纵向的沟或脊分为相等的两半。口部具有连着壳面、部分或全部可启闭的三角形口叶，有的（可能全部）口缘具触须，壳内顶端具横板。某些类型中的个体在发育早期，顶端有固着盘，营固着生活；大部分成年期营非固着的浮游生活。

锥石原归于软体动物门腹足纲，后因壳顶中沟处发现 4 组两分叉的隔板，将其归为腔肠动物门的一纲或亚纲。也有学者认为其是分类位置不明的一类特殊海洋无脊椎动物。生存于前寒武纪晚期至晚三叠世，志留纪和泥盆纪最繁盛。世界各大洲均有发现；中国甘肃、西藏、内蒙古、贵州、江西、浙江等地奥陶纪至二叠纪地层中都有发现，以上古生界中较为丰富。

苔藓虫

笛管苔虫

笛管苔虫是苔藓动物门窄唇纲泡孔目已灭绝的一属。

笛管苔虫的硬体呈块状、球状、半球状、枝状、空柱状、层状或薄壳状。表面一般有圆形隆起，称尖峰或突起，由泡状组织或形体较大的虫室构成。虫室长管状，虫室内具横板，虫室间具泡状组织。泡状组织一行至数行，在边缘区较小。体壁薄。室口圆形或亚圆形，常见口围，月牙构造常不明显。

笛管苔虫生存于志留纪至二叠纪，繁盛于泥盆纪至二叠纪。中国广西泥盆系富产此类化石。

多孔苔藓虫

多孔苔藓虫是古生代常见的一个已灭绝的苔藓虫属。分类学上一般置于动物界苔藓动物门窄唇纲窗格苔藓虫目多孔苔藓虫科。

爱尔兰古生物学家 F. 麦考伊于 1844 年提出多孔苔藓虫的名称，模式种为 *Polypora dendroides*。

多孔苔藓虫的硬体呈网格状、扇状或漏斗状，由平直或微波状起伏的分叉的枝与平直的横枝以规则的间隔连接而成。横枝上不含自虫室。每一枝上有 3～8 行（一般是 4 行）交替排列的自虫室，行与行之间一般没有中棱，而在枝分叉的前后自虫室数目则分别为 5～6 和 2～3 个。自虫室为管状，短，具有发育微弱的半隔板及短的外室，自虫室在旋切面上表现为规则的六边形。室口圆形。枝的正面一般发育毛血管与结核。

多孔苔藓虫生活于奥陶纪至三叠纪海洋中，在世界各地泥盆纪早期至二叠纪晚期近岸浅水沉积地层中较为常见。

窗格苔虫

窗格苔虫是苔藓动物门窄唇纲隐口目窗格苔藓虫科的代表。已灭绝。

窗格苔虫的硬体呈扇形或漏斗状，由众多长纵枝和短横枝连接成窗格状，故而得名。每个纵枝的两侧各有一行虫室，其间被一条呈细线状微微突起的中棱分开；横枝上无虫室。虫室口很小，呈圆形或卵形，体壁较厚。

窗格苔虫生存在奥陶纪至三叠纪，全球广布。中国多见于泥盆纪至二叠纪地层中。

腕足类

扬子贝

扬子贝是腕足动物门小嘴贝亚门小嘴贝纲五房贝目的一属。

扬子贝的两壳双凸，贝体中前部有发育显著的腹中槽背中隆，铰合缘直但稍短于最大壳宽。壳表均匀分布微弱的放射线和细密而均匀分布的同心微纹。腹壳内部具粗强铰齿和厚齿板，齿板相向聚合形成匙形台，匙形台被一双柱中隔板支撑，后者可延伸至贝体前缘，除中隔板外，两侧还有一对或多对侧隔板共同支撑匙形台。背壳内部具腕房，具多对侧

隔板支撑。

扬子贝化石始见于中国贵州三都地区的下奥陶统同高组，在当时属于江南斜坡上部，之后拓展至上扬子台地和下扬子台地，成为底栖群落的主要组成分子之一。中奥陶世进一步向其他板块扩散，在土耳其、伊朗、阿根廷等地的中奥陶世地层也有少量产出，是一个典型的区域性腕足动物属。

叶月贝

叶月贝是腕足动物门小嘴贝亚门扭月贝纲扭月贝目的一个代表。已灭绝。

叶月贝以个体小而光滑为特色，腹壳微凸，后顶部具一顶刺，背壳扁平或微凹。腹壳内部铰齿弱小，无齿板；背壳内部双叶型主突起向后突伸在铰合缘之后，一对侧隔板向前延伸至贝体中部。壳质假疹。

叶月贝首先于中奥陶世末期出现在华南扬子台地上的较深水区域（局部凹陷），之后迅速扩散至整个扬子区，到晚奥陶世凯迪期中晚期已经遍布全球各主要块体。形成颇具特色的主要生活于较深水底域的底栖壳相动物群，即叶月贝动物群，此时其分异度和丰度均已达到鼎盛。受全球气候（冰川事件）和各地区域地质构造运动（如华南的广西运动）的影响，从凯迪期晚期开始，叶月贝及其领衔的叶月贝动物群陆续在世界各地消失，直至奥陶纪末大灭绝第一幕全部灭绝。

叶月贝及叶月贝动物群已经被广泛认同为晚奥陶世较深水底域腕足动物群的代表，对于深入探讨晚奥陶世腕足动物的辐射演化以及相关沉积盆地在晚奥陶世时的演化具有重要意义。

五房贝

五房贝是腕足动物门小嘴贝亚门小嘴贝纲五房贝目的一个代表。已灭绝。

五房贝的壳体呈长卵形、五边形或多边形。铰合缘微弯,铰合面小。腹双凸型,腹壳顶部肿胀且强烈弯曲,前缘因具不明显的腹中槽和背中隆而呈三叶状。壳表光滑,仅饰以同心生长纹,个别在贝体中前部发育有同心层。腹壳内部具粗壮的铰齿和发育的齿板,齿板相向聚合呈匙形台,具中隔板和多个侧隔板,中隔板前延可超过贝体一半;背壳内部具很好的隔板槽,隔板槽具许多厚薄不一的侧隔板支撑。

五房贝为志留纪的标准化石,是兰多维列世正常浅海地区的产物,在全世界很多地区有产出。中国曾报道为五房贝的化石,经过详细研究,发现多数是华南特有的一个属——单褶五房贝。真正的五房贝属只在贵州少数地点产出,数量很少。

华夏正形贝

华夏正形贝是腕足动物门小嘴贝亚门小嘴贝纲已灭绝的正形贝目的一个代表。

华夏正形贝的贝体中等至大,腹壳凸,背壳缓凸或近扁平,直铰合缘接近其最大壳宽,壳表饰以多次分叉(或插入式增加)的中等粗细的壳线,前缘直缘型。腹壳内部具中等强度的铰齿和一对向中部聚合的齿板；背壳内部背窗台弱，主突起冠部双分叉甚至多分叉，腕基粗短，支板分叉，窝侧底板发育，后一对闭肌痕略大于前一对。

华夏正形贝化石首先发现于中国浙赣交界地区的江西省玉山县王家坝志留系兰多维列统鲁丹阶底部仕阳组最底部（也是志留系最底部），后在浙赣交界地区多地相近地层中陆续被发现，并在贵州北部和河南西南部志留系下部地层中被报道。华夏正形贝是一个典型的华南板块地方性腕足动物，在浙赣交界地区虽只有一个种，但数量颇丰，是当时底栖壳相动物群的主要组分，代表了大灭绝之后残存复苏期的特征。

无洞贝

无洞贝是腕足动物门小嘴贝亚门小嘴贝纲无洞贝目已灭绝的一个代表。

无洞贝的贝体小、中等至大均有。近圆形或长卵形乃至近球形；腹壳缓凸甚至近平，背壳高隆；腹壳壳喙小而弯曲，顶端具茎孔，铰合面无或只微弱发育；壳面有显著的壳线或壳褶饰纹，并有较明显的同心线甚至同心层。腹壳内部铰齿粗壮但无齿板；背壳内部没有主突起，腕螺强烈发育，无洞贝式，顶端指向背壳的中部，成体一般具有18圈。

无洞贝化石始见于志留纪，泥盆纪时最为发育，是泥盆纪常见的指相化石，遍布全球各地，个别分子可延续至石炭纪早期。

石 燕

石燕是腕足动物门小嘴贝亚门小嘴贝纲石燕目已灭绝的一个代表。

石燕的贝体中至大型，轮廓横长，直铰合缘即代表最大壳宽。双凸形，背壳的凸度通常稍大，腹中槽和背中隆强烈发育，两壳的壳喙均尖锐弯曲，铰合面凹曲，横三角形。壳面饰以分叉式增长的壳线，但不成簇，壳线间隙具有发育的细放射纹。腹壳内部铰齿粗壮，齿板短而平行；背壳内部发育有毛发状的主突起，前后两对闭肌痕凹陷明显。

石燕属化石主要分布于世界各地的早石炭世地层中。人们通常将石燕目的全部代表统称为"石燕"，即代表整个大类，从奥陶纪晚期开始出现的始石燕属种类，到志留纪逐渐繁盛，成为多数海洋底栖腕足动物群落的主要组分，进入泥盆纪更加繁盛，在相关腕足动物群落中占绝对优势（多样性和丰度均如此），在石炭纪和二叠纪的正常浅海底域依然占据优势，但在二叠纪末的大灭绝之后迅速衰弱，只零星产出，一直到侏罗纪早期全部灭绝。

中国民间自古就将腕足动物个体保存的化石统称为"石燕"，比如晋朝名画家顾恺之在他的《启蒙记》中就有记载"零陵郡有石燕，得风雨则飞如真燕"，北魏郦道元（466～527）在其名著《水经注》中也记载"其山有石，绀而状燕，因以名山"。民间还将这些"石燕"化石研碎用作特殊中药的引子。因此，腕足动物化石个体曾经在民间的中药铺中有售，一直到中国近代仍有这种情况。

小嘴贝

小嘴贝是腕足动物门小嘴贝亚门小嘴贝纲小嘴贝目小嘴贝超科孔嘴贝科鳞球贝亚科已灭绝的一属。

小嘴贝的贝体小至中等。两壳双凸至明显双凸,铰合缘浑圆,最大壳宽一般在贝体中部。腹中槽和背中隆通常较为发育,腹壳顶部明显隆凸。壳面饰以粗壳褶,一般不分叉或插入式增加。腹壳内部铰齿粗壮,齿板发育;背壳内部突起细小,单脊状;腕基相向聚合呈隔板槽;中隔板较弱,延伸至近贝体中部。

小嘴贝出现于晚奥陶世,志留纪时繁盛也极度分化,至泥盆纪早期逐渐消失。从外表看,它与多个腕足动物属非常相近,难以区分,如奥陶纪时的阿尔泰窗贝、志留纪时的盖嘴贝等。需深入研究它们的内部构造特征,才能准确鉴别这些腕足动物属。曾有报道称中国多个板块上的奥陶系均有小嘴贝属化石产出,但经深入、细致的系统古生物学研究后证实,中国奥陶纪地层中曾被鉴定为小嘴贝属的全部物种都应改归阿尔泰窗贝属。

穿孔贝

穿孔贝是腕足动物门小嘴贝亚门小嘴贝纲穿孔贝目已灭绝的一属。

穿孔贝的壳瓣中等至大,多为宽卵形,少数近五边形,双凸。壳表光滑,具明显的同心生长纹,壳瓣前缘常具双褶,个别为直缘型、单褶型或单槽型。铰合缘短,无明显的铰合面,三角孔顶端有一圆而大的茎孔。背壳内部具腕环构造,腹壳内部具齿板。壳质具疹。

穿孔贝生存于新近纪至现代海洋中,分布比较局限,主要在马耳他、西班牙、波兰、匈牙利、意大利和阿尔及利亚等地。

腹足类

神　螺

神螺是软体动物门腹足纲前鳃亚纲古腹足目神螺科已灭绝的一属。

神螺的螺壳中等大小，宽圆形，包旋，左右对称。末螺环几乎完全包住早期的所有螺环。背侧宽圆。脐孔缺或极窄小。壳口呈椭圆形。内唇盖有薄壳质；外唇不扩大，具缺凹和裂口。裂口窄且深；有的种类侧唇略扩大。裂带发育，较宽，新月形曲线显著，略凸起，其两侧浅凹。裂带位于背侧中部。壳质厚，壳面光亮，仅饰有旋向生长线。

神螺的种类很多。全球广布，在奥陶纪至中三叠世地层中均有产出，特别是晚古生代地层中常见。

双壳类

克氏蛤

克氏蛤是软体动物门双壳纲翼形亚纲海扇目海扇超科克氏蛤科已灭绝的一属。

克氏蛤的壳体小至中等，近圆形，不等瓣。左壳较凸，铰边短直，壳顶前位。壳面具同心线，个别还有弱的放射线。左壳前耳小，后耳较大；右壳前耳明显，下有清楚的足丝凹口。

克氏蛤全部海生，是三叠纪早期的标准化石之一，也被用作判别二叠系与三叠系界线的依据之一。全球广布，具有地层对比意义。中国已发现王氏克氏蛤等 30 余种。

头足类

菊　石

菊石是软体动物门头足纲菊石亚纲动物的统称。已灭绝。

菊石的壳体、壳形变化多样，小至几毫米，大至两米以上。大多沿平面旋卷，少数呈直形、弓形或塔形。壳饰从表面光滑至具有瘤、肋、刺、沟、棱、脊等各种形式。壳体、壳形、壳饰及缝合线类型，是鉴定菊石类（特别是科、属、种）的重要依据。

菊石始见于早泥盆世，中生代最为繁盛，至白垩纪末全部灭绝。幼年期大多营漂浮或游泳生活，成年后有的在浅海底栖，有的在深水大陆架区游泳生活。

大多数菊石属种的地质延限都比较短，是指示地层时代并进行相关地层划分和对比的重要标志化石。在中生代海相地层（特别是三叠系）研究中，具有不可替代的作用。

蛇菊石

蛇菊石是软体动物门头足纲菊石亚纲齿菊石目蛇菊石科已灭绝的一属。

蛇菊石的外旋壳蛇形旋转，呈盘状，腹部窄圆。脐部宽，具高而直立的脐壁。壳面多光滑或具少量不明显的肋或瘤。缝合线为菊面石型，具两个细长带小齿的侧叶及短的肋线条。

蛇菊石化石主要分布在亚洲早三叠世早期的地层中。中国主要见于华南下三叠统大冶组底部，是标准化石之一。

叶菊石

叶菊石是中生代一类常见的菊石。软体动物门头足纲菊石目的一已灭绝的亚目。

叶菊石以壳体卷平、壳面光滑或具微弱的饰纹、缝合线的鞍部破裂为叶状等特征，区分于与其并列的其他 3 个亚目：弛菊石亚目、勾菊石亚目和菊石亚目。此外，叶菊石也是较为原始的菊石类型，由它演化出其他所有的菊石类型。

叶菊石的种类庞杂，主要依据缝合线类型的不同，可进一步区分为乌苏里叶菊石科、盘叶菊石科、叶菊石科及侏罗叶菊石科等。叶菊石属壳包旋，扁饼状，脐小，侧面饰以细密生长线、缝合线为菊石式，主要出现在侏罗纪和早白垩世地层中。

叶菊石的化石记录丰富，在世界各地三叠纪早期至白垩纪末期地层中均有发育，是中生界区域地层对比的重要标准化石。

箭　石

箭石是古无脊椎动物软体动物门头足纲鞘形亚纲箭石目已灭绝的一属。

箭石的壳体由箭鞘、闭锥和前甲 3 部分构成。箭鞘位于闭锥后部，呈柱状或圆锥状，横断面圆形或近四方形，腹面常具纵向凹沟，即腹沟，最容易被保存为化石；闭锥位于箭鞘的前锥槽内，内由隔壁分成多个气室，体管位于腹缘，可保存为化石，但经常不被保存；前甲是由闭锥背部向前延伸的呈舌片状的结构，很少保存为化石。箭鞘的外形、横切面的形状、腹沟的特征、箭鞘尖端的形状、箭鞘表面饰纹等是鉴定箭石的主要依据。

箭石从早石炭世出现，侏罗纪至早白垩世达到极盛，到白垩纪末绝大多数都已绝灭，仅有少量延续到古新世。箭石化石是侏罗纪和白垩纪海相地层中的常见化石，中国主要见于西藏、云南等地的中生代海相地层中。

箭石除用于确定地层时代外，还可通过壳体氧的同位素分析测定当时水温，从而为探索古气候及大陆漂移提供资料。

竹节石

竹节石是软体动物门竹节石纲竹节石目竹节石科已灭绝的一属。

竹节石的壳体呈窄长的直圆锥形，长一般为 10～40 毫米。壳壁厚，壳表饰有与壳中轴垂直或斜交的横环，横环间尚有规则分布的小环，近壳口部分横环间距不等，壳的内表面具低缓的横环。壳尖有横板构造，初房为中空或坚实的锥形。

竹节石海生。始见于奥陶纪，志留纪逐渐增多，泥盆纪最盛，泥盆纪末全部灭绝。全球广布，是划分和对比泥盆纪地层的重要标志化石。

软舌螺

软舌螺是古无脊椎动物软体动物门软舌螺纲已灭绝的代表。

软舌螺的壳体细长，呈锥形，左右对称，长 1 ～ 150 毫米。壳敞开的一端为口，封闭一端为顶。口部具有口盖，某些种类还有口唇、附属器等构造。壳面光滑或具有各种纹饰，如横向或纵向的线、纹、脊、肋、沟、槽等。壳壁钙质。

软舌螺生存于古生代海洋中，营底栖或游移生活。原始的无唇软舌螺类是地球上最早出现的带壳动物群的主要分子。对于确定前寒武纪与寒武纪的界线，划分和对比寒武纪最早期地层，进一步研究早期带壳动物群的分类、演化、亲缘关系，以及动物带壳的形成等都有重要意义。有唇软舌螺类出现的时间与三叶虫相似，灭绝于二叠纪末。中国的软舌螺化石主要见于寒武纪，是寒武系下部地层划分对比的重要依据，在古生代其他纪的地层中也经常见到，特别是奥陶系和志留系。

节肢动物

奇　虾

奇虾是节肢动物门原螯肢动物中奇虾类已灭绝的一属。

成年奇虾个体最大可达两米以上，是寒武纪（特别是寒武纪早、中期）海洋生态系统中的巨型捕食动物。奇虾类动物的柄大多由较多肢节组成。奇虾的身体扁平，头的背前方具 1 对带柄的巨眼。原螯肢着生在口器两侧的前边缘。躯干两侧具有 11 对浆状叶，具脉络状构造。尾扇由 3 对互相重叠的片状构造组成，并有 1 对细长的尾叉，从尾扇背中部向后伸出。口器呈圆环形，由 32 个外唇板组成，不具内齿。

奇虾化石最早发现于加拿大西部落基山脉寒武纪中期的布尔吉斯页岩动物群中。现已在世界多个地方的寒武纪地层中发现。中国主要产出在云南澄江动物群中。

三叶虫

三叶虫是节肢动物门已灭绝的一纲。

由于其背壳纵分为 1 个中轴和 2 个肋叶，横分为头、胸、尾 3 部分，故得名"三叶虫"。三叶虫的头部主要由头盖和颊部组成；头盖中间有突起的头鞍。胸部分节，能弯曲，最少者仅 2 节，最多者 40 余节，在个体发育过程中胸节数会不断增加直至成年。尾部中间为中轴，两侧为肋叶，分节或不分节。腹面具口、触须、附肢和肛门。成年个体一般长数厘米，小型的仅数毫米，最大的可达 70 多厘米。

三叶虫化石多为矿化的坚硬的背壳、腹缘及附肢等，特异埋藏的化石库则可能保存有腹面的口板、附肢，以及体内的神经系统、消化系统、循环系统等软体部分。

三叶虫全部海生，多数营底栖游移生活，少数潜伏在泥沙中营内栖生活，或在不同深度的海洋水体中营游泳生活。三叶虫在寒武纪初期即已出现许多科、属和种，是寒武纪海洋生态系统的主要成员，寒武纪晚期发展到最高峰，进入奥陶纪后其在海洋生态系统的统治地位逐渐被滤食生物（如腕足动物）取代，特定地点特定时间段还有可能较为繁盛，志留纪开始逐渐衰亡，到二叠纪末灭绝。

纳罗虫

纳罗虫是节肢动物门中的一类已灭绝的三叶状节肢动物。

纳罗虫与三叶虫关系亲近，但其确切的系统发育关系尚无定论。纳罗虫以具双分区结构和缺乏真正的眼睛为特征。体呈长椭圆形，分为头甲和躯干两部分。头甲半圆形，具 1 对后侧刺和 3 对小型侧刺；躯干前部具 7 ～ 9 对小侧刺和 1 对较大的后侧刺。口后附肢双肢型，19 对，其中头区有 3 对。外肢卵形，周边具刚毛。消化道粗大，化石中常呈三维突起，第一对盲囊粗大，多次分叉，充满了头甲的大部，头部其余 3 对盲囊与躯干前端盲囊相似。

纳罗虫在浅海软底环境中营底栖游移生活。最早在加拿大寒武纪中期的布尔吉斯页岩生物群中发现并命名，其在中国云南澄江帽天山寒武纪早期地层中的发现直接使"澄江动物群"得以命名，并翻开了寒武纪生命大爆发研究的新篇章。纳罗虫是澄江动物群中比较常见的一个类群。

球接子

球接子是节肢动物门三叶虫纲球接子目动物的统称。已灭绝。

球接子是小型三叶虫。头、尾大小近相等，胸部通常只有 2 ～ 3 个胸节。头鞍亚柱形或锥形，常不具面线。壳面可具沟纹或小瘤点。一般长仅 1 ～ 3 厘米，少数不足 1 厘米，极少数可达到 5 厘米。

球接子全部海生。寒武纪至奥陶纪都有，寒武纪中、晚期多样性和丰度达到最大。全球广布。球接子是寒武系地层划分和对比的标志化石，如等称球接子。

王冠虫

王冠虫是节肢动物门三叶虫纲镜眼虫目已灭绝的一属。

王冠虫的头甲近三角形。头鞍前沟不清楚，头鞍前端球形，后部窄，两侧平行，有 3 对宽而深的头鞍沟及 3 节瘤状叶节。面线为前颊类型。固定颊长三角形，后端具 1 对长颊刺。壳面具有粗瘤，活动颊上有排列规则的齿状疣，一般为 9 个，状似王冠，故名。胸部 11 节。尾部长三角形，轴节数较肋节数多，中轴分节沟中部浅，两侧深，轴沟及肋沟较窄。

王冠虫化石主要产出在亚洲的志留纪早期地层中。中国则在华南多地的兰多维列统特列奇阶有产出，部分地点非常丰富，完整标本多，是华南志留纪兰多维列世晚期的标准化石之一。

南京三瘤虫

南京三瘤虫是中国奥陶纪晚期地层中常见的一个三叶虫属，是节肢动物门三叶虫亚门三叶虫纲栉虫目三瘤虫科已灭绝的一属。

南京三瘤虫由中国古生物学家卢衍豪创立于 1957 年，模式种为南京南京三瘤虫。

南京三瘤虫的头部强烈凸起。头鞍发育一明显的假前叶节，具 3 对头鞍沟，后 2 对较明显。颊叶无侧眼粒和眼脊。饰边分为一个凹陷的内边缘和一个略为凸起的颊边缘。在饰边的上叶板上，内边缘有 3 行小陷孔分布在放射形陷坑之内；颊边缘的前部有放射状排列的小陷孔，侧部有不规则排列的小陷孔。饰边的下叶板上，在梁脊之外有一排小陷孔。无颈刺。颊刺向外后伸或向后伸。尾部短，呈三角形。中轴窄，分节明显。肋叶有 3 对深肋沟。头鞍和颊叶壳面有网形纹。

南京三瘤虫化石地质延限短，已知仅限于晚奥陶世凯迪中期地层中，但地理分布广泛，除中国南方广大地区外，还见于华北鄂尔多斯，西北塔里木、中天山—北山地区，以及保山—藏北等地区，因而被用作晚奥陶世区域地层对比的标准化石之一。

蝙蝠虫

蝙蝠虫是节肢动物门三叶虫纲褶颊虫目已灭绝的一属。

蝙蝠虫的头甲近三角形，头鞍前狭后宽，头鞍沟 3 对。固定颊窄，三角形，眼叶小，位于前端。尾部明显大于头甲，半圆形，中轴凸起，锥形或近柱形，前侧端向后伸出 1 对长刺，两刺之间的尾缘成锯齿状或具较短的尾刺，使整个尾部形似蝙蝠，故名。壳面光滑或具疣点。

蝙蝠虫化石主要见于亚洲和欧洲的寒武纪晚期之初的地层中，在中国则主要分布在华北大部以及华南少数地区，是寒武系上部的标准化石之一。产于中国山东泰安大汶口寒武系上部崮山组的蝙蝠虫化石最为著名，因其产出地层是比较细腻的钙质泥岩和泥质灰岩，所以常被作为观赏石或制作成砚台。

莱得利基虫

莱得利基虫是节肢动物门三叶虫纲莱得利基虫目中已灭绝的较早期的一属。简称莱氏虫。

莱得利基虫的名称源于最早研究此种化石的英国古生物学家 K. 莱得利基，当时他将该种归入了另一个更早命名的属，后人重新研究时命名了该属。

莱得利基虫头甲大，半圆形；头鞍锥形或近柱形，头鞍沟显著，向后斜伸；眼叶长，新月形；内边缘狭窄；固定颊窄，活动颊宽，具强颈刺；面线前肢向前扩张与头鞍中轴成 45°～90° 夹角；尾部很小，不分节，具 1 对小突起。

莱得利基虫是亚洲、大洋洲和非洲寒武纪早期地层中的常见化石之一，也是寒武纪早期的标准化石之一，具有重要地层对比和古生物地理意义。

豆石介

豆石介是节肢动物门甲壳纲介形亚纲豆足介目已灭绝的一属。豆石介因形状为长椭圆，形似豆子而得名。

豆石介的壳体长，较大，常超过 8 毫米。背边缘直，前背角和后背角为尖锐的角棱。腹边缘浑圆，较厚。右壳大，沿腹边缘叠覆左壳。铰合简单。壳面多光滑，偶有粒状或细斑状纹饰，前背部有一圆形结节，称"眼点"。

豆石介化石分布在亚洲、欧洲和北美洲的奥陶纪至早泥盆世地层中，在中国主要产于云南东部的志留系和泥盆系。

女星介

女星介是节肢动物门甲壳纲介形亚纲速足介目已灭绝的一属。

女星介的壳体呈长椭圆形，前端较宽，背缘直，壳前 1/3 处最高，呈角状突起，前腹角处有壳喙，喙后有凹痕；左壳大，沿周围叠覆右壳。壳面光滑或饰以网纹、瘤、刺等。

女星介生活于侏罗纪至第三纪，白垩纪最为繁盛。全球广布。中国陆相侏罗系和白垩系中很常见，是这两个时期的标准化石之一。

小昆明介

小昆明介是节肢动物门甲壳纲介形亚纲始足介目已灭绝的一属。因是介形类早期的代表之一，故又称古介形类、金臂虫类、高肌虫类。

小昆明介的双瓣壳由中褶分为等称的左右两瓣，无铰合构造。成年个体相对较大，半圆形，壳的边缘具褶边。前端具圆的脊状突起（眼脊），后端为斜走的脊状突起。第一对附肢短棒状，口后附肢共 6 对，均为双肢型，基节略膨大，内肢由多肢节组成，外肢板片状，其边缘为刚毛环绕。

小昆明介化石主要产于中国华南寒武纪早期帽天山页岩及其同期地层中，是澄江动物群（位于中国云南澄江帽天山附近）中常见和丰富的化石之一，也是寒武纪早期的标准化石之一。

东方叶肢介

东方叶肢介是繁盛于白垩纪早期的节肢动物叶肢介类已灭绝的一属，热河生物群的代表性分子之一。分类学上属节肢动物门甲壳亚门鳃足纲双甲目东方叶肢介科。

东方叶肢介由中国古生物学家陈丕基创立于 1976 年，其模式种为阜新东方叶肢介。

东方叶肢介的壳瓣圆形、椭圆形或卵圆形，体形中等（5～15 毫米）或较大（大于 15 毫米）。生长带多，均匀且宽大，其中靠近壳顶或壳体前腹区的生长带发育中等或大的网纹装饰，网纹直径 20～200 微米，并向腹部或后腹区逐渐变化为线脊装饰。线脊装饰在 1 毫米宽度内近 40 个；网纹装饰和线脊装饰的形态多不规则。

东方叶肢介化石地层分布较为广泛，已知在中国北部、东北部，蒙古国南部及俄罗斯外贝加尔等地白垩纪早期地层中均有分布。

板足鲎

板足鲎是节肢动物门肢口纲已灭绝的板足鲎亚纲板足鲎目的代表属。

板足鲎的体形较大，可长达 2～3 米，栖息于浅海或淡水中。身体分头胸部、腹部及 1 个刺状尾节。头胸部小，由 6 个体节合并组成，1 对中眼在头胸部背面中线附近，两侧有 1 对大而呈肾状的复眼；腹面有 6 对附肢，最后一对宽；末端成板状，司游泳。腹部有 12 个体节：前腹和后腹各 6 节，前腹的附肢特化为成对的板片，沿中线相接或融合，第一对板片最大，为生殖厣，中央悬挂一生殖肢。

　　板足鲎生活于奥陶纪至二叠纪，志留纪和泥盆纪相对较繁盛，全球广布。化石记录比较少见，保存完好的化石更是难得一见。中国的板足鲎化石主要产出在华南志留系中。

本书编著者名单

编著者　（按姓氏笔画排列）

王　元	王　烁	王　原	王　敏
王　维	王元青	王世骐	王晓鸣
尤海鲁	邓　涛	卢　静	白　滨
刘　俊	孙艾玲	孙智新	李　录
李　峰	李　淳	邱占祥	佟海燕
汪衍胤	张兆群	周明镇	周忠和
郑文杰	赵　祺	侯连海	姚　熙
倪喜军	崔贵海	盖志琨	董丽萍
蒋顺兴	詹仁斌	廖俊棋	翟人杰
潘照晖			